电气与电子工程技术丛书

特高压输电线路无源干扰的基本理论与方法

唐 波 张建功 陈 彬 著

国家自然科学基金项目
特高压输电线路无源干扰谐振机理及其分析模型研究
（51307098）

科学出版社
北京

版权所有，侵权必究

举报电话：010-64030229，010-64034315，13501151303

内 容 简 介

本书针对我国当前特高压输电线路工程建设中遇到的，特高压输电线路对各类无线电台站的无源干扰问题，系统性归纳总结了当前特高压输电线路无源干扰的基本理论与防护方法，对特高压输电线路无源干扰的形成机理、理论模型、计算方法、干扰谐振现象以及防护技术进行较为全面的阐述。本书是当前国内第一本系统性阐述特高压输电线路无源干扰问题的中文读本，特别提出了基于广义谐振理论解决特高压线路无源干扰谐振频率预测问题，拓展了 IEEE 标准的频率预测范围。

本书可以作为电气工程专业的研究生教材，也可供相关专业的研究生、科研人员和工程技术人员，以及电网公司特高压工程建设者参考。

图书在版编目（CIP）数据

特高压输电线路无源干扰的基本理论与方法／唐波，张建功，陈彬著．—北京：科学出版社，2018.11

（电气与电子工程技术丛书）

ISBN 978-7-03-059746-5

Ⅰ．①特⋯　Ⅱ．①唐⋯　②张⋯　③陈⋯　Ⅲ．①特高压输电-输电线路-干扰-基本知识　Ⅳ．①TM726

中国版本图书馆 CIP 数据核字（2018）第 261811 号

责任编辑：吉正霞／责任校对：董艳辉
责任印制：徐晓晨／封面设计：苏 波

科学出版社 出版
北京东黄城根北街 16 号
邮政编码：100717
http://www.sciencep.com

北京虎彩文化传播有限公司 印刷
科学出版社发行　各地新华书店经销

*

2018 年 11 月第 一 版　开本：787×1092　1/16
2019 年 6 月第二次印刷　印张：12 1/4
字数：285 000

定价：68.00 元

（如有印装质量问题，我社负责调换）

Preface 前言

随着科学技术和社会生活水平的发展，各种对周边电磁环境要求越来越高的电子产品和弱电系统大量涌现，电力系统对其周边环境的电磁干扰也越来越突出。为此，在当前特高压输电线路的规划、设计和建设中，如何规避线路对邻近无线电台站的电磁干扰，已成为困扰特高压线路路径选择的重要问题。

长期以来，国内诸多专家学者一直认为输电线路对邻近无线电台站所产生的电磁干扰，就是指输电导线或金具电晕或者电火花产生脉冲电磁波，对线路邻近的无线电子设施正常工作产生干扰影响，也即传统意义上的输电线路无线电干扰。然而，随着我国输电线路电压等级的提高，线路铁塔及金具等结构变得更为高大，国内特高压输电线路在外界电磁波激励下被动产生的二次辐射对邻近无线电台站干扰问题也开始显著起来，这种无线电干扰定义为无源干扰。因此，特高压输电线路对无线电台站的无源干扰问题才被提出、重视，并持续研究至今。

本书由三峡大学、中国电力科学研究院（武汉分院）的科学研究人员针对我国特高压工程建设过程中出现的输电线路无源干扰问题，经过长期上下求索和艰辛付出的工作之后编著完成。本书在系统性论述特高压输电线路无源干扰的产生机理、求解算法、试验技术，以及干扰的防护和抑制措施之上，以电磁场数值计算为基础，深入研究了适用于各频段的特高压输电线路无源干扰求解模型，构建了广域空间下输电线路无源干扰与多天线系统的广义谐振特性及其电磁能量分析理论与方法的科学研究体系，为我国特高压输电线路建设的路径选择与无线电台站健康运行提供科技支撑。全书共分为6章。第1章简要介绍了特高压输电线路无源干扰的产生背景及相关概念；第2章介绍了特高压输电线路无源干扰分析中涉及的电磁场及其数值计算理论知识；第3章论述了适用于各频段的特高压输电线路无源干扰计算用模型及其算法；第4章论述了特高压输电线路无源干扰谐振现象及谐振频率的预测方法；第5章介绍了我国开展的数次特高压输电线路无源干扰缩比模型试验技术；第6章介绍了当前提出的特高压输电线路无源干扰水平抑制方法。

本书由三峡大学唐波、陈彬，以及中国电力科学研究院张建功撰写，中国电力科学院研究院干喆渊、刘兴发，三峡大学黄力、王爽、袁发庭、林奇祥参与资料整理。

最后，作者想以诗经中的"嘤其鸣矣，求其友声"作为结语。本书应该是我国特高压输电线路无源干扰的第一本科学研究著作，初步解决了无源干扰研究类书籍的有无问题。但由于作者能力水平有限，本书中疏漏或不当之处在所难免，在此衷心期望各界同行不吝指教，直言批评，对书中的内容提出修改建议，以期后续更好地服务于我国特高压输电线路以及各类无线电台站的工程建设。

作 者

2018年6月28日于宜昌三峡大学

Contents
目 录

第1章 绪论 /1
 1.1 我国特高压工程建设现状 /2
 1.2 各类无线电台站及相关国家标准 /4
  1.2.1 调幅广播台站 /4
  1.2.2 短波无线电测向、收信台站 /5
  1.2.3 电视差转台、转播台站 /7
  1.2.4 中波航空无线电导航台 /7
  1.2.5 对海远程无线电导航台和监测站 /8
  1.2.6 对空情报雷达站 /9
  1.2.7 地震台站 /10
 1.3 特高压输电线路对无线电台站干扰的表现形式 /10
  1.3.1 特高压输电线路的有源干扰 /11
  1.3.2 特高压输电线路的无源干扰 /12
 1.4 特高压输电线路无源干扰的关键技术问题 /13
 参考文献 /17

第2章 特高压输电线路无源干扰的电磁散射理论 /18
 2.1 电磁散射基础 /19
  2.1.1 麦克斯韦方程组 /19
  2.1.2 坡印亭矢量 /21
  2.1.3 矢量位和标量位 /22
  2.1.4 雷达目标散射截面 /23
 2.2 电磁散射的电场积分方程 /25
  2.2.1 格林函数 /25
  2.2.2 电场积分方程 /29
 2.3 电场积分方程的求解算法 /31
  2.3.1 矩量法 /31
  2.3.2 高频近似算法 /33
  2.3.3 数值分析中的高效算法 /36
 参考文献 /40

第3章 特高压输电线路无源干扰的数学求解 /41
3.1 无源干扰的产生机理 /42
3.2 无源干扰的电磁散射积分方程 /43
3.3 无源干扰的数学模型 /45
3.3.1 无源干扰求解的线模型 /45
3.3.2 无源干扰求解的面模型 /52
3.3.3 无源干扰求解的线面混合模型 /56
3.4 无源干扰的矩量法求解 /59
3.4.1 矩量法及计算实例 /59
3.4.2 矩量法的计算资源 /59
3.5 无源干扰水平的高频近似算法 /60
3.5.1 IPO 算法及计算实例 /60
3.5.2 LE-PO 法及计算实例 /67
3.5.3 UTD 法及计算实例 /73
参考文献 /80

第4章 特高压输电线路无源干扰的谐振现象及其预测 /82
4.1 无源干扰的谐振现象 /83
4.2 IEEE 的谐振预测方法 /83
4.2.1 基于半波天线的谐振频率预测 /83
4.2.2 IEEE 预测方法的实例及其局限性 /84
4.3 基于广义谐振理论的无源干扰谐振预测 /92
4.3.1 广义谐振理论 /92
4.3.2 特高压输电线路无源干扰的广义电磁开放系统 /94
4.3.3 广义谐振因子及其求解 /99
4.4 广义谐振理论的进一步应用 /100
4.4.1 MBPE 技术及其在无源干扰水平求解的应用 /100
4.4.2 自适应采样点算法的应用 /114
参考文献 /121

第5章 特高压输电线路无源干扰的测量方法与实例 /122
5.1 缩比模型的理论基础 /123
5.2 基于缩比模型的无源干扰测量方法 /124
5.2.1 测量场地 /124
5.2.2 测量用仪器 /126
5.3 测量示例及分析 /129

    5.3.1 北京康西草原无源干扰缩比模型试验 /129
    5.3.2 对短波无线电测向台（站）影响测试试验 /133
    5.3.3 电波暗室与开阔场的缩比模型实验 /142
  参考文献 /154

第6章 特高压输电线路无源干扰的抑制技术 /156
  6.1 特高压输电线路无源干扰的防护间距 /157
    6.1.1 传统防护间距的计算方法 /157
    6.1.2 建议的防护间距求解方法 /158
    6.1.3 无源干扰防护间距的求解算例 /161
  6.2 特高压输电线路无源干扰的抑制措施 /164
    6.2.1 短波频段无源干扰的磁环抑制 /164
    6.2.2 无源干扰谐振的解谐方法 /172
  参考文献 /179

附录 /181

第1章

绪 论

1.1　我国特高压工程建设现状

从第二次工业革命开始,人类步入了电气时代,自此,电能成为应用最广泛的能源,成为支撑起人类现代文明的基石之一。如今可以说输送电能的输电线路延伸到哪里,现代文明就能走到哪里。然而,在输电过程中,导线电阻产生的电能损耗随着输送能量的不断增大、输送距离的不断延长也在不断增加,造成能源和经济的损失。为提高线路的输电能力和经济性能,世界电网的电压等级也在不断提高。目前,以特高压为代表的超远距离、超大规模输电技术,是全球输电技术中的制高点,更是清洁能源大发展的必要支撑。

以特高压±800 kV 直流输电项目为例,相较于±500 kV 直流工程,它的输送容量提高到2~3倍,经济输送距离提高到2~2.5倍,运行可靠性提高了8倍,单位输送距离损耗降低了45%,单位容量线路走廊占地减小30%,单位容量造价降低28%。

20世纪60年代以来,美国、苏联、意大利、日本等国家先后开展了特高压输电技术的研究。如20世纪80年代苏联建设的1900 km 长的1150 kV 交流线路,90年代日本建设的427 km 长的1000 kV 同塔双回线路等。

我国对特高压技术的跟踪研究始于20世纪80年代,从2004年底开始集中开展大规模的研究论证、技术攻关和工程实践。经过各方面共同努力,我国特高压输电技术发展不断取得突破,先后建成、投运了特高压交流试验示范工程、特高压直流示范工程并持续安全稳定的运行,这标志着我国特高压技术已经成熟。自此中国先后规划、建设了多条国特高压线路,截至2017年11月,中国已建成和投运总长超过20 000 km 的特高压输电骨干网架。

中国已投运及在建的1000 kV 特高压交流输电工程基本情况见表1.1。

表1.1　中国已投运及在建的1000 kV 特高压交流输电工程

工程名称	容量/MVA	导线/mm²	线路长度/km	投运时间或计划投运时间
晋东南—南阳—荆门	18 000	8×500	640	2009
淮南—浙北—上海	21 000	8×630	2×648.7	2013
浙北—福州	18 000	8×500 8×630	2×603	2014
淮南—南京—上海	12 000	8×630	2×780	2016
锡林郭勒盟—山东	15 000	8×630	2×730	2016
蒙西—天津南	24 000	8×630	2×616	2016
榆横—潍坊	15 000	8×630	2×1049	2017
锡林郭勒盟—胜利	6000	8×630	2×240	2017
北京西—石家庄	15 000	8×630	2×228	2018

第一条 1000 kV 交流输变电工程：晋东南—南阳—荆门试验示范工程于 2009 年投运，2011 年完成扩建工程，该工程为单回线路，最大输送功率达到 5720 MW。安装了世界上首套特高压串补装置，串补装置的额定电流为 5080 A，额定容量为 1500 MVA。该工程至今已安全运行 8 年，发挥了在华北电网和华中电网之间水火调剂、优势互补的作用，实现了电网资源的优化配置。中国已投运及在建的 ±800 kV 特高压直流工程基本情况见表 1.2。

表 1.2　中国已投运及在建的 ±800 kV 特高压直流输电工程

工程名称	容量/MVA	导线/mm^2	线路长度/km	投运时间或计划投运时间
云南—广东	5000	6×630	1373	2010
向家坝—上海	6400	6×720	1907	2010
锦屏—苏南	7200	6×900	2059	2012
普洱—江门	5000	6×630	1413	2013
哈密南—郑州	8000	6×1000	2210	2014
溪洛渡—浙西	8000	6×900	1680	2014
灵州—绍兴	8000	6×1250	1720	2016
滇西北—广东	5000	6×900	1928	2017
酒泉—湖南	8000	6×1250	2383	2017
晋北—南京	8000	6×1250	1119	2017
锡林郭勒盟—泰州	10 000	6×1250	1620	2017
扎鲁特—青州	10 000	6×1250	1620	2017
上海庙—山东	10 000	8×1250	1238	2017

±800 kV 特高压直流示范工程中云南—广东及向家坝—上海直流输电工程均于 2010 年建成投运，将西南地区的水电直接送到东部沿海地区的用电负荷中心。这是当时世界上输送容量最大、送电距离最远、技术水平最先进、电压等级最高的直流输电工程。

近 5 年，中东部 16 个省份近九亿人用上了来自西部的清洁能源；同时，每一年中东部地区减少烧煤 9500×10^4 t，这相当于四川省一年的煤炭消耗量。减少的煤炭消耗量意味着更清洁的环境、更绿色的发展和更高效的能源利用。作为中国能源革命战略部署以及全国能源互联网建设中的重要一环，中国特高压技术正在引领我国加速能源革命。

由此可见，越来越多的特高压输电线路将出现在祖国大地上，也势必对线路周边各类使用电子产品或弱电系统的无线电台站（包括调幅广播台站、短波无线电测向和收信台站、电视差转和转播台、中波航空无线电导航台站、对海中远程无线电导航台、对空情报雷达站、无线基站、地震台和卫星地球站等）造成更大的电磁干扰。

1.2 各类无线电台站及相关国家标准

当前，我国关于各类无线电台站与输电线路之间防护间距的国家标准大多数为 20 世纪末或 21 世纪初制定的，涉及的线路电压等级普遍为 500 kV，只有《对海远程无线电导航台和监测站》考虑了 1000 kV 的输电线路。考虑到这些无线电台站对自身周边的干扰源和金属障碍物有着严格的限制，以及我国土地资源稀缺又决定了特高压输电线路走廊选择的有限。因此，研究特高压输电线路对邻近无线电台站的电磁干扰机理，确定线路与各类无线电台站之间的防护间距及可采取的防护措施，为特高压输电线路及各类无线电台站的设计规范提供技术支持，是目前迫切需要解决的工程实际问题。

1.2.1 调幅广播台站

根据工作任务的性质，调幅广播台站可分为调幅广播收音台和广播电视监测台，工作频率为 526.5 kHz～26.1 MHz。

防护间距是指为了使调幅广播收音台免受架空输电线路的影响，保证其正常工作和收音质量，从而规定二者之间的距离。它是指架空输电线路靠近调幅广播收音台一侧边导线到调幅广播收音台天线的距离，110 kV 及以下的架空输电线路还应包括到机房天线馈线入口处的距离。

调幅广播收音台是指接收调幅信号，并将信号传送至当地转播发射台或有线广播网作为信号源使用的专用调幅广播收音台。调幅广播收音台根据行政隶属和业务性质的不同共分为三级。

一级调幅广播收音台：为国家广播电影电视总局（原广播电影电视部）及设在北京以外的转播发射台收转中央广播电视总台（原中央电视台、原中央人民广播电台与原中国国际广播电台于 2018 年合并组建）节目的调幅广播收音台以及为省、自治区、直辖市直属转播发射台收转中央广播电视总台节目的调幅广播收音台。

二级调幅广播收音台：为省、自治区、省辖市直属转播发射台收转省、自治区人民广播电台节目的调幅广播收音台。为省辖市直属转播发射台收转中央人民广播电台节目的调幅广播收音台。

三级调幅广播收音台：为市、县级转播发射台收转中央人民广播电台和省、自治区人民广播电台节目的调幅广播收音台，以及县级有线广播网的调幅广播收音台。

广播电视监测台（站）是指对广播的播出质量所需的各种技术数据、资料等进行监听、监测和分析的专用调幅广播收音台。监测台（站）根据监测范围、监测项目、监测精度、工作时间以及技术设备的不同要求，共分为三级。

一级监测台：为国家广播电影电视总局（原广播电视部）所属负责监测、监听国内外广播质量、技术参数、广播频谱负荷和测定广播电台方位，并进行有关电波传播研究等工作的监听台。

二级监测台（站）：为国家广播电影电视总局（原广播电视部）、省、自治区、直辖市所属并负责监测、监听部分广播质量、技术参数和测定广播电台方位等工作的监测台（站）。

三级监测台（站）：为省、自治区、直辖市、省辖市进行监测、监听区域性广播质量及技术参数等工作的监测台（站）。

国家标准 GB 7495—198787《架空电力线路与调幅广播收音台的防护间距》对输电线路和各类台站之间的防护间距进行了严格规定，详见表 1.3。

表 1.3 架空输电线路与各级调幅广播台站的防护间距　　　（单位：m）

台站类别		电压等级/kV			
		35	63～110	220～330	500
调幅广播收音台站	一级台	600	800	1000	1200
	二级台	300	500	700	900
	三级台	100	300	400	500
广播电视监测台	一级台	1000	1400	1600	2000
	二级台	600	600	800	1000
	三级台	100	300	400	500

35 kV 以下架空配电线路与一级调幅广播收音台、一级监测台、二级监测台（站）的防护间距按表 1.3 中 35 kV 规定；与二、三级调幅广播收音台、三级监测台（站）的防护间距参照表 1.3 中 35 kV 的规定。满足上述规定确有困难时，可协商解决。

当满足表 1.3 的防护间距确有困难时，可通过计算、测量或采取其他技术措施，并根据其结果共同确定小于表 1.3 的间距。

1.2.2　短波无线电测向、收信台站

短波无线电测向、收信台的工作频率均为 1.5～30 MHz。国家标准 GB 13614—2012《短波无线电收信台（站）及测向台（站）电磁环境要求》对输电线路和相应的台站进行了严格规定，详见表 1.4。

表 1.4 短波无线电收信台（站）对高压架空输电线路的保护间距

电压等级/kV	保护间距/km		
	一级台（站）	二级台（站）	三级台（站）
500	2	1.1	0.7
220～330	1.6	0.8	0.6
110	1.0	0.6	0.5

短波无线电测向台（站）电磁环境的保护要求，距测向天线前沿 300 m 以内为短波无线电测向台（站）电磁环境保护禁区，在保护禁区内，不得有无线电干扰源和障碍物。各种无线电干扰源和障碍物与短波无线电测向台（站）之间的保护间距应满足表 1.5 的要求。

表 1.5　各种无线电干扰源和障碍物与短波无线电测向台（站）之间的保护间距

无线电干扰源或障碍物的名称		保护间距/m
高压架空输电线路（单回路）	电压等级/kV	
	500	2000
	220～330	1600
	110	1000
	≤35	600
220～380 V 架空配电线		500
架空通信、广播线路		400～600
非电气化铁道		500
电气化铁道		1200
工业、科学、医疗设备	一般	3000
	多台、大功率	5000
中、短波大功率发射机	发射功率/kW	
	1	2000
	5	3000
	10	5000
	≥100	≥10 000
公路	高速和一级	1000
	二级	800
	三级	500
小型农用电力机械设备		500
不高于 2 m 金属导线栅栏		400
不高于 3 m 的孤立小棚屋、小平房等	非金属屋顶或围墙	300
	金属屋顶或围墙	500
不高于 10 m 的孤立楼房	非金属屋顶	600
	金属屋顶	900
煤气或油料贮存槽等高大金属建筑物		1800
宽度大于 5 m 的水渠		500
小片树林		500

续表

无线电干扰源或障碍物的名称	保护间距/m
小村庄	1000
城市	5000
池塘	500~1000
河流（包括河床）	1000
湖泊	2000
海岸	5000
山脉（含丘陵）	仰角<2°

1.2.3 电视差转台、转播台站

电视差转台、转播台的工作频率在 VHF（Ⅰ）和 VHF（Ⅲ）频段，其对应频率分别为 48.5~92 MHz 和 167~223 MHz。国家标准 GBJ 143—1990《架空电力线路、变电所对电视差转台、转播台无线电干扰防护间距标准》对输电线路和电视差转台、转播台之间的防护间距进行了严格规定，参见表 1.7。

表 1.7 架空输电线路与电视差转台、转播台无线电站的防护间距　　（单位：m）

电视频段	电压等级/kV		
	110	220~330	500
VHF（Ⅰ）	300	400	500
VHF（Ⅲ）	150	250	350

1.2.4 中波航空无线电导航台

航空无线电导航台站包括无方向信标台、超短波定向台、航向信标台、下滑信标台等 14 种台站。国家标准 GB 6364—2013《航空无线电导航台（站）电磁环境要求》规定了台站的电磁环境要求。

无方向信标台与机载无线电罗盘配合工作，用以测定航空器与导航台的相对方位角，引导航空器沿预定航路（线）飞行、归航和进近着陆，工作频率为 150~1750 kHz。无方向信标天线覆盖区内，对工业、科学和医疗设备干扰的防护率为 9 dB，对其他各种有源干扰的防护率为 15 dB。以中波导航台天线为中心，要求半径 500 m 以内不得有 110 kV 及以上架空高压输电线路；半径 150 m 以内不得有铁路、电气化铁路、架空金属线缆、金属堆积物和电力排灌站；半径 120 m 以内不得有高于 8 m 的建筑物；半径 50 m 以内不得有高于 3 m 的建筑物（不含机房）、单棵大树和成片树林。

超短波定向台、航向信标台、下滑信标台和全向信标台等为航空器提供引导信息，引导航空器沿预定航路（线）飞行、进离场，工作频率为 108～400 MHz。在其信号覆盖范围内，对工业、科学和医疗设备干扰的防护率为 14 dB，对其他各种有源干扰的防护率为 20 dB。以天线为中心，半径 700 m 以内不应有 110 kV 及以上的高压输电线；500 m 以内不应有 35 kV 及以上的高压输电线、电气化铁路和树林；300 m 以内不应有架空金属线缆、铁路和公路；70 m 以内不应有建筑物（机房除外）和树木；70 m 以外建筑物的高度不应超过以超短波定向天线处地面为准的 2.5°垂直张角。

方位台、仰角台等是微波着陆系统的组成部，与机载接收机配合工作，为进近着陆的航空器提供水平方位角、仰角等引导信息，工作频率为 5031～5090.7 MHz。在方位台和仰角台信号覆盖区内，对各种有源干扰的防护率为 17 dB。在它们的保护区内不应有树木、建筑物、道路、金属栅栏和架空线缆等障碍物存在。

1.2.5 对海远程无线电导航台和监测站

根据国家标准 GB 13613—2011《对海远程无线电导航台和监测站电磁环境要求》，长波远程无线电导航台是发射脉冲导航信号的全方向性发射台。为提供正确的导航信息，它必须要接收远方台发射的信号，工作的中心频率为 100 kHz。在 90～110 kHz 频段内包含导航台辐射能量的 99%以上。

长波远程无线电导航台受保护的设施包括导航发射天线及其场地、导航接收天线及其场地、其他导航设备以及附属的短波通信设施。在 70 kHz～130 kHz 频段内，长波远程无线电导航台对连续波近同步干扰、连续波非同步干扰和移频键控干扰的防护率应符合标准要求。长波远程无线电导航台对工业、科学、医疗设备干扰的同频道防护率为 9 dB，对其他有源干扰的同频道防护率为 15 dB。

以导航发射天线为中心，半径 500 m 以内不得有架空金属线缆、铁路、公路、非本台建筑物和高大树木。以导航接收天线为中心，半径 60 m 以内不得有架空金属线缆和 10 m 高以上的建筑物。以导航接收天线为中心，半径 250 m 以内不得有 1000 kV 及以上交流特高压架空电力线。

长波远程无线电导航台附属的短波通信设施的电磁环境应符合 GB13614 中的有关规定。

根据国家标准 GB 13613—2011《对海远程无线电导航台和监测站电磁环境要求》，监测站受保护的设施包括导航接收天线及其场地、其他导航设备及附属的短波通信设施。监测站对 70～130 kHz 频带内连续波近同步干扰，连续波非同步干扰和移频键控干扰的防护率在长波远程无线电导航台防护率数值基础上，另外增加 5 dB。监测站对其他有源干扰的同频道防护率同长波远程无线电导航台要求。

以导航接收天线为中心，半径 20 m 以内不得有 35 kV 及以上的架空高压输电线，超过天线根部高度的架空金属线缆和超过天线根部 10 m 以上的建筑物。以导航接收天线为中心，半径 250 m 以内不得有 1000 kV 及以上交流特高压架空电力线。

监测站短波通信设施的电磁环境应符合 GB13614 中的有关规定。

1.2.6 对空情报雷达站

对空情报雷达站工作频率一般在甚高频频段及以上,国家标准 GB 13618—1992《对空情报雷达站电磁环境防护要求》对工作频率为 80～3000 MHz 频段内的对空情报雷达站和输电线路之间的防护间距做出了规定,详见表 1.7。

表 1.7　架空输电线路与对空情报雷达站的防护间距　　　　（单位：m）

雷达频段/MHz	电压等级/kV		
	110	220～330	500
80～300	1000	1200	1600
300～3000	700	800	1000

对空情报雷达在有源干扰不可避免的条件下,容许有不大于 5% 的探测距离损失；电磁障碍物对雷达探测距离影响的损失,不超过探测距离的 5%。

对空情报雷达站对各种干扰源的防护间距见表 1.8。

表 1.8　对空情报雷达站对各种干扰源的防护间距

干扰源		防护间距/km		备注
		80～300 MHz	300～3000 MHz	
高压架空输电线路	500 kV	1.6	1.0	
	220～330 kV	1.2	0.8	
	110 kV	1.0	0.7	
高压变电站	500 kV	3.0	1.2	
	220～330 kV	1.6	0.8	
	110 kV	1.4	0.7	
电气化铁路	国产机车	0.8	0.7	
非电气化铁路		0.6	0.5	
汽车公路	高速、一级	1.0	0.7	
	二级	0.8	0.7	
高频热合机		1.2	1.2	从厂房算起
高频炉	$P \leqslant 100$ kW	0.5	0.5	有屏蔽的厂房,从厂房算起
工业电焊	$P \leqslant 10$ kW	0.5	0.5	
超高频理疗机	$P \leqslant 1$ kW	1.0	1.0	从工作间算起
农用电力设备	$P \leqslant 1$ kW	0.5	0.5	

1.2.7 地震台站

国家标准《地震台站观测环境技术要求 第 2 部分：电磁观测》（GB/T 19531.2—2004）对地震台站和交流、直流线路之间的防护间距分别做了规定。

（1）35 kV 以上、500 kV 以下高压交流输电线路距地震电磁台站的最小距离，应符合下列规定：

a. 线路与地电场任一测量极的距离应不小于 1 km；

b. 线路与地磁观测点观测仪器的距离应不小于 0.3 km；

c. 线路与地电阻率任一测量极的距离应不小于 0.3 km。

（2）500 kV 高压交流输电线路距地震台站电磁观测设施的最小距离，应符合下列规定：

a. 线路与地电场任一测量极的距离应不小于 1.5 km；

b. 线路与地磁观测点观测仪器的距离应不小于 0.5 km；

c. 线路与地电阻率任一测量极的距离应不小于 1.5 km。

（3）高压直流输电线路距地磁观测点的最小距离，应符合下列要求：

a. 线路垂直方向上，满足下列公式

$$R = 0.4\beta I \tag{1.1}$$

式中：R 为高压直流输电线路与地磁观测点观测仪器的最小距离，km；I 为直流输电线路的额定电流，A；β 为直流输电线路上允许的最大不平衡电流 ΔI 对额定电流 I 的比值，即

$$\beta = \Delta \frac{I}{I} \tag{1.2}$$

b. 在接地极附近，高压直流输电线路接地极与电磁观测点观测仪器的最小距离，为式（1.1）结果的 $\frac{1}{2}$。

（4）工频骚扰源距地震台站电磁观测设施的最小距离，应符合下列规定。

a. 对 30 kVA 以下变压器或相当功率的用电器，其接地线与地电场或地电阻率观测场地中任一测量极的距离应不小于 0.05 km；

b. 对 30 kVA 以上变压器或相当功率的用电器，其接地线与地电场或地电阻率观测场地中任一测量极的距离应不小于 0.1 km。

标准 GB/T 19531.2—2004 同时规定，对地磁场观测的静态磁骚扰强度应不大于 0.5 nT，在满足直流输电线路和地磁观测台站最小距离的基础上，要求输电线路对地磁观测要素干扰不超过 0.5 nT。

1.3　特高压输电线路对无线电台站干扰的表现形式

传统上所说的高压输电线路无线电干扰，是指导线或金具电晕或者电火花产生的脉

冲电磁波对线路邻近的无线电子设施正常工作时所产生的干扰影响。随着我国输电线路电压等级的提高，线路铁塔及金具等结构变得更为高大，线路在外界电磁波激励下产生的二次辐射对线路邻近无线电设备干扰问题也开始显著起来，这种无线电干扰定义为无源干扰。因此，特高压输电线路对邻近无线设施的无线电干扰，可以分为有源干扰和无源干扰，其中有源干扰即传统意义上的输电线路无线电干扰。

1.3.1 特高压输电线路的有源干扰

输电线路产生的有源干扰大致可分为两类：电晕干扰和火花放电干扰。干扰电流所产生的脉冲电磁波沿线路两侧横向传播，当线路邻近电子设施的无线电工作频率与线路产生的无线电干扰频率重合时，就可能对线路邻近电子设施产生电磁干扰。

1. 导线电晕产生的无线电干扰

由于输电线路电压作用，当导线表面的电位梯度达到一定数值时，将引起紧靠导线周围的空气分子碰撞游离、空间电荷数量增加，造成导线附近小范围内的放电，产生电晕。电晕脉冲电流在导线周围空间产生无线电干扰，如图1.1所示。

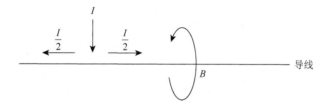

图 1.1 电晕产生的无线电干扰

在电压一定时，导线中的电晕脉冲电流是一种重复率很高的"稳态"电流，所以架空输电线周围就形成了脉冲重复率很高的"稳态"无线电干扰场。电晕放电的单个脉冲很窄，脉冲宽度量级为 0.1 s。实际交流线路的电晕放电多发生在工频的正、负峰值附近，由一系列脉冲形成波形不规则的脉冲群，脉冲群的持续时间为 2~3 min。这样一系列的脉冲，必然产生多种高频分量。

导线电晕放电会随天气情况的变化而变化，输电线路的无线电干扰电平也会随之变化，特别是雨天电晕放电明显加强。鉴于此，通常采用具有统计意义的值来表示输电线路的无线电干扰水平，如平均值（晴好天气）、80%时间最大值和95%时间最大值（大雨天气）。

通过傅里叶分析和大量的实测数据验证表明，架空电力线的电晕干扰频谱较宽，但干扰的占有带宽有限，主要能量集中在 10 MHz 以下，随着频率增高干扰分量的幅值下降非常迅速。根据苏联的研究结论[1]，1150 kV 交流特高压输电线路无线电干扰频率超过 10 MHz 后，干扰幅值相对于 0.5 MHz 下降了 30~40 dB，干扰幅值已淹没于背景噪声中，可以认为基本上不会对邻近设施形成无线电干扰。

2. 绝缘子和金具火花放电产生的无线电干扰

绝缘子和金具火花放电产生的无线电干扰的频率一般在 30 MHz 以上，火花放电主要有三种原因：①绝缘子串的高应力区域内的放电、打火；②导线和金具接触不良或松弛处的火花放电；③导线表面的不光滑缺陷或施工中造成导线表面毛刺等引起火花放电。由第一种原因引起的干扰是随机分布的，干扰电平比较低；第二种原因一般只引起局部的干扰增加；第三种原因引起的干扰多数情况下只表现在新投入运行的线路，当线路运行一段时间（几个月）以后，由于导线本身的老化效应，这种干扰会很快地下降。

从干扰的传播机理来看，30 MHz 以上频段干扰的传播机制与 30 MHz 以下频段，特别是中波波段和短波段，是完全不相同的。在 30 MHz 及以下干扰主要是由于空间连续分布的电晕脉冲产生的电流，通过线路向外界辐射而产生干扰电磁波。而在 30 MHz 以上频段，由于高频集肤效应的影响，脉冲干扰电流在导线上的传播衰减增大，同时在这个频段内波长已接近或小于导线间隙和设备、金具的尺寸，因此 30 MHz 以上频段干扰被认为是空间不连续分布的点源辐射的结果。

对于变电站，绝缘子和金具等部件较为集中，由此导致了变电站附件周围一定范围内在 30 MHz 以上频段的干扰水平较大。而在线路上，导线的电源放电脉冲频谱分量本身在高端已很小，同时又不能有效地辐射到空间，因此在 30 MHz 以上频段输电线路放电的干扰较小，并主要反应为绝缘子和金具等的火花放电，这种放电可通过改进绝缘子串和金具来减小。

1.3.2 特高压输电线路的无源干扰

输电线路的无源干扰[2]是由于外界无线电台站发出的电磁波信号作用在线路导线、地线或铁塔等部件下，线路金属部分在外界电磁场的激励作用下产生感应电流，从而被动地向空间发出二次辐射电磁波。这种二次辐射场叠加在原激励电磁场上，改变了原电磁波的幅值和相位，最终导致了对无线电台站正常工作的干扰。显然，随着线路电压等级的增大，特高压输电线路更长，线路铁塔也更为高大，对无线电台站的无源干扰也更为严重。

当前，我国根据输电线路有源干扰的研究结论，制定了各类无线电子设施与线路之间的防护间距国家标准，且相关标准涉及的线路电压等级最高为 500 kV，未制定特高压直流线路与邻近无线电子设施的防护间距标准。而以前由于输电线路电压等级不高，架空线路整体比较低矮，无源干扰现象不太严重，对输电线路无源干扰的研究也并不深入。因此，研究特高压直流输电线路无源干扰机理，准确计算线路与各类无线电台站之间的防护间距，是解决特高压直流线路对邻近无线电台站电磁干扰的关键问题之一。

1.4 特高压输电线路无源干扰的关键技术问题

早期研究输电线路对无线电无源干扰的方法是通过对建立的一定缩小比例的模型进行试验测量。K. G. Balmain（K. G. 巴尔曼）和 J. S. Belrose（J. S. 贝尔罗斯）在研究高建筑物和输电线对调幅广播电台的无源干扰影响中，建立了 1/1000 尺寸的输电线路模型。研究发现，架空导线的存在仅会轻微改变输电线路最大无源干扰水平，并认为输电线路的最大无源干扰主要由于地线和铁塔组成的回路在调幅广播台天线的激励下产生谐振造成[3]的。W. Lavrench（W.拉文赫）和 J. G. Dunn（J. G. 邓恩）按照 1/600 的尺寸建立了双回路输电线路模型，发现导线的存在会导致输电无源干扰数值产生轻微变化，从而也认为导线的存在对输电线路无源干扰影响不大[4]。Sakae Toyada（户谷田荣）等人在研究架空输电线路铁塔对 VHF 电视信号的干扰中，根据日本 500 kV 同塔双回输电线路铁塔的尺寸，按照 1/40 的尺寸用铝制作铁塔模型进行试验，观测发现铁塔对 VHF 电视信号的干扰随发射天线电磁波的入射角度和远近有着明显的变化，同时得出结论，入射角度不同，铁塔造成干扰水平也不同，而且随着入射电磁波频率的增加，铁塔干扰的最大值和最小值之差越大[5]。

C. W. Trueman（C. W. 特鲁曼）和 S. J. Kubina（S. J. 库比纳）[6]最先进行了高压架空输电线路对附近中波广播发射台站影响的仿真计算，初步讨论了利用矩量法和 NEC（numerical electromagnetic code）程序计算架空输电线路对中波发射台无源干扰的方法。该计算将输电线路中的铁塔和架空地线作为一个整体，且将整基铁塔等效为一根线模型，图 1.2 为其计算中所用到的等效模型。研究中认为，架空导线与广播台激励电磁波电场方向垂直，因此模型中忽略了导线对无源干扰的影响。M. M. Silva（M. M. 席尔瓦）和 K. G. Balmain[7]继续使用输电线路的单根线模型，用矩量法研究输电线路对调幅广播台的无源干扰，并首次通过试验对计算模型进行了验证，该研究模型中同样没有考虑架空导线。C. W. Trueman 和 S. J. Kubina 根据图 1.2 所示的模型进一步研究了架空地线的存在对输电线路无源干扰的影响，发现入射电磁波频率在中波频段时，架空地线将 2 基铁塔连接起来，加上铁塔和地线对地的镜像所组成的回路会产生干扰谐振现象（输电线

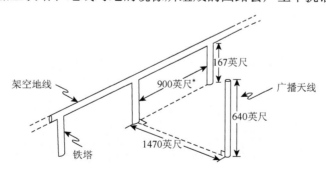

图 1.2　C. W. Trueman 等在 1981 年提出的输电线路无源干扰数值计算模型

* 1 英尺 = 0.3048 米

路无源干扰水平出现峰值），从而对中波广播台站产生极大的干扰。计算分析表明，当回路的长度达到 1 个或 2 个波长的时候，将产生谐振。

C. W. Trueman 和 S. J. Kubina 在后续的研究中，继续探讨了架空地线和铁塔连接组成的回路与调幅广播电台的干扰谐振关系。研究发现，将铁塔和地线相互绝缘，即中断回路后可减小这种谐振现象产生的严重干扰，因此研究设计了多种"解谐器"（detuner）。在这一系列的研究中，涉及了单个档距和多个档距组成的回路，并建议对多个档距组成的回路可取某一代表档距计算回路的长度，通过计算回路的最大感应电流出现的频率得到了"1 个波长回路的谐振频率"（one-wavelength loop resonance）和"2 个波长回路的谐振频率"（two-wavelength loop resonance）[8]。而通过全尺寸的铁塔模型试验表明，图 1.2 所示的模型只能用于 1 MHz 频率以下，同时发现地线和铁塔组成的回路等于 2 个波长（825 kHz）的时候，有明显谐振情况；但在 3 个波长（1605 kHz）的时候，理论计算出的谐振点和试验下的谐振点相差 0.15 倍的波长，说明随着频率的增高，模型需要进行修正。根据相关的实验报告，C. W. Trueman 等人正式提出了由铁塔和地线组成的回路在调幅广播电台天线激励下的谐振频率为

$$f_N = N \frac{1.08c}{2(2h+s)} \quad (1.3)$$

式中：f_N 为谐振频率，Hz；N 为波长的个数，$N = 1, 2, 3, \cdots$；c 为光速；h 为铁塔高度，m；s 为档距长度，m；1.08 为经验系数[9]。

若认为计算模型中的大地是理想导体，则计算得出的输电线路无源干扰水平将比实际的要大，但可以准确地估计回路所对应的谐振频率；若考虑大地对入射电磁波的吸收损失，计算得出的结果比实际要小，同时对谐振频率的预判有一定影响。在后续的研究中，发现铁塔结构和横担的尺寸对调幅广播电台的干扰存在着影响，因此根据铁塔的结构采用了不同直径的圆柱体来近似实际的铁塔，图 1.3 是 C. W. Trueman 等人在后续研究中使用的铁塔圆柱体模型。在图 1.3（b）中，可以看到模型中对铁塔地线支架也进行了建模，并设有一种"悬挂式阻抗"（hanger impedance）的"解谐器"，即设置数兆欧的阻抗实现地线与铁塔绝缘，从而阻止地线和多基铁塔形成谐振回路。

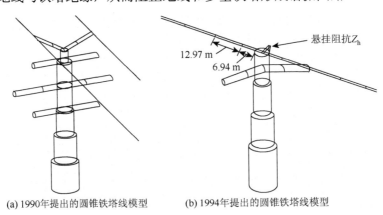

(a) 1990 年提出的圆锥铁塔线模型　　(b) 1994 年提出的圆锥铁塔线模型

图 1.3　C. W. Trueman 等人提出的输电线路铁塔仿真线模型

M. A. Tilston（M. A. 蒂尔斯顿）和 K. G. Balmain[10]也对输电线路对调幅广播电台无源干扰模型进行了研究，并采用 NEC 程序及其自编的程序计算了由 5 基铁塔和架空地线组成的回路在中波频率电磁波激励下的谐振问题，重点研究了输电线路安装或不安装"解谐器"的无源干扰问题。发现当地线和铁塔绝缘后，也即不存在输电线路感应电流回路时，无源干扰谐振频率主要由铁塔高度和激励电磁波波长决定。根据半波天线理论，认为当铁塔高度达 $\frac{\lambda}{4}$ 时将产生谐振（以下称该谐振频率为"$\frac{\lambda}{4}$ 谐振频率"）。由于计算机计算能力的限制，模型仍然相当简化，同时研究的频率最高为 1.58 MHz。S. J. Kavanaugh（S. J. 卡瓦诺）等人[11]和 G. M. Royer（G. M. 罗耶）等人[12]利用矩量法建立线模型，研究了高建筑物中的钢筋结构对中波广播电台的影响，为减少高建筑类物的感应电流，也建议增设"接地谐振线"（wire detuning stubs）。

在以上的研究中，由于都是以中波电台为对象，即激励源为调幅广播天线。考虑到输电导线近似垂直于激励电磁波的极化方向，且导线与输电铁塔绝缘，结合之前研究得出的结论，上述研究中使用的模型均不考虑导线对输电线路无源干扰的影响，即模型中均未出现架空导线。电气与电子工程师协会（Institute of Electrical and Electronics Engineers，IEEE）根据上述学者的研究，给出了关于输电线路对中波广播发射台的二次辐射计算导则和测量方法规定，认为具体无源干扰的问题可根据实际天线和线路的布局建立广播天线和铁塔细线模型，通过数学计算的方法预测其谐振频率。当输电线路在调幅广播天线的激励下，数学模型中铁塔可用半径 3～4 m 的直线模型代替，谐振频率根据铁塔和地线是否组成回路进行判定：当铁塔与地线组成的回路达整数倍波长时产生谐振；当线路无地线时，铁塔高度为 $\frac{\lambda}{4}$ 时产生谐振。为减弱这种由于谐振引起的干扰，建议采用"解谐器"的方法使铁塔和地线之间绝缘。但该标准毕竟是 1996 年在上述学者研究成果的基础上归纳的，相关规范仅针对中波广播电台而言，提出的适用频率为 535～1705 kHz，而且所用模型均为铁塔线模型（thin-wire model），显然该标准相关规定并不适合应用于输电线路对其他激励源或者更高频率的测向台、导航台等无线电台站的干扰研究。

随着国家电网的发展，我国输电线路的电压等级逐步提高，开始有了 1000 kV 特高压交流输电线路和 ±800 kV 特高压直流输电线路对无线电台无源干扰方面的研究。

原国网武汉高压研究院（现国网电力科学研究院）详细研究了输电线路对各类无线电台站的无源干扰问题，并提出了我国 1000 kV 特高压交流单、双回路输变电线路对各类无线电台站的防护间距标准的建议。图 1.4 是该项研究中用到的输电铁塔线模型。从图 1.4 中可以看出，该模型已经比国外相关研究中所用到的模型更接近于实际铁塔。原国网武汉高压研究院[13]较为详细地论述了国内对特高压交流输电线路无源干扰的理论模型，该模型依据细直导线的 Pocklington（波克林顿）电场积分方程，求解如图 1.4 所示的输电线路铁塔对无线电台站的无源干扰问题。研究采用矩量法对单基直线铁塔模型和 11 基直线铁塔组成的铁塔阵列模型的二次辐射进行了求解，并利用多层快速多极子加速采用矩量法求解时的矩阵与矢量大规模相乘计算。该输电线路无源干扰模型同样忽略了架空导线对输电线路无源干扰的影响。另外，考虑到特高压交流线路铁塔和地线之间一般都通过避雷器相连，即地线和铁塔相互绝缘，模型中也未考虑地线，即模型中以多基铁塔形成的阵列代替整条输电线路。由于计算机能力的问题，该项目研究中，并没有完整地对 11 基铁塔成列的输电线路无源干扰进行计算，而是根据天线阵列的概念引入阵列影响系数，用计算出的单基铁塔无源干扰水平乘以阵列系数得到 11 基铁塔阵列的无源干扰水平。数学模型计算时，将各无线电台站的激励源设为垂直极化平面电磁波。计算输电线路对调幅广播电台的无源干扰影响时，谐振频率根据"$\lambda/4$ 谐振频率"进行确定；对其他无线电台站无源干扰的影响时，计算中并没有考虑谐振频率，而是随机选取一些频率进行计算，如对电视差转台和转播台的无源干扰计算中选取 30 MHz 和 50 MHz，对中波导航台的无源干扰计算中选取 150 kHz、300 kHz、500 kHz 和 700 kHz。

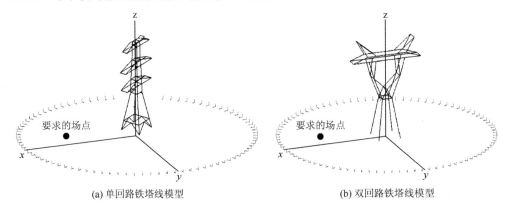

(a) 单回路铁塔线模型　　　　　　　　(b) 双回路铁塔线模型

图 1.4　原国网武汉高压研究院提出的特高压交流输电线路铁塔无源干扰模型

缩比模型试验表明，该研究中所用到的模型适用于 16.7 MHz 以下频率的计算。依据该数学模型，国内学者分别研究了 1000 kV 特高压交流输电线路对调幅广播收音台、航空无线电导航台和短波测向台的防护问题。

华北电力大学在原国网武汉高压研究院的研究基础上，研究了 ±800 kV 云南—广州特高压直流输电线路对短波频段无线电台站的无源干扰问题，研究所用的仍为输电铁塔线模型，与原国网武汉高压研究院所使用的线模型相同，相关计算理论也相同。由于计算机计算能力的发展，在多基铁塔组成的输电线路无源干扰计算中，该项研究没有使用阵列影响系数，直接对 5 基铁塔和地线相连所组成的回路进行计算。研究计算中将所有短波电台作为同一个研究对象，以垂直极化电磁波进行激励，没有考虑谐振频率的问题，而直接选取了 1.5 MHz、5 MHz、10 MHz、20 MHz 和 30 MHz 这 5 种频率进行计算，从中选取干扰最大值作为防护间距判别的依据。

从当前国内外研究情况看，对输电线路无源干扰的求解方法已经基本确定，即采用矩量法求解输电线路线模型的 Pocklington 电场积分方程[14]。由于输电线路铁塔结构复杂，线路空间跨度大，线路线模型采用矩量法时所得到的矩阵方程较为庞大，因此推荐用多层快速多极子算法进行加速求解。然而，根据原国网武汉高压研究院的试验来看，这种线模型只能适用于 16.7 MHz 以下频率的线路无源干扰问题，而且当前提出的线模型也只是对铁塔复杂的空间桁架结构进行了简单建模,并没有考虑实际输电铁塔中大量辅材的影响。同时,目前国内外尚未深入研究垂直极化电磁波激励下的输电线路最大无源干扰频率,只是根据IEEE的建议采用"λ/4谐振频率"或随机选取一些频率的无源干扰进行比较计算。若要更为精确地求解输电线路对各类无线电台站的干扰,还需要更为完备且更为合理的输电线路无源干扰模型,同时在理论和算法上也需要有所突破。

参 考 文 献

[1] WAN BAOQUAN, LIU DICHEN, WU XIONG, et al. The study on the radio interference from +800 kV Yun Guang UHVDC transmission line[C]. 2006 International Conference on Power System Technology, China, Chongqing, 2006: 234-239.

[2] 邬雄,万保权,张小武,等. 1000 kV 特高压交流同塔双回线路对无线电台站影响及防护研究[R]. 武汉:国网电力科学研究院,2008.

[3] LAVRENCH W, DUNN J G. The effects of reradiation from highrise buildings, transmission lines, towers, and other structures upon AM broadcasting directional arrays[R]. Ottawa, Canada, Interim report No. 4, DOC Project 4-284-15010, 1978.

[4] BALMAIN K G, BELROSE J S. AM broadcast reradiation from buildings and power lines[C]. Proceedings of Electric Engineering Institution Conference, 1978: 268-272.

[5] TOYADA S, HASHIMOTO H. Scattering characteristics of VHF television broadcasting waves by steel towers of overhead power transmission lines[J]. IEEE Transactions on Electromagnetic Compatibility, 1979, 21 (1): 62-65.

[6] TRUEMAN C W, KUBINA S J. Numerical computation of the reradiation from power lines at MF frequencies[J]. IEEE Transactions on Broadcasting, 1981, 27 (2): 39-45.

[7] SILVA M M, BALMAIN K G, FORD E T. Effects of power line re-radiation on the pattern of a dual-frequency MF antenna[J]. IEEE Transactions on Broadcasting, 1982, 28 (3): 94-103.

[8] TRUEMAN C W, KUBINA S J, BELROSE J S. Corrective measures for minimizing the interaction of power lines with MF broadcast antennas [J]. IEEE Transactions on Electromagnetic Compatibility, 1983, 25 (3): 329-339.

[9] BALMAIN K G, BELROSE J S. The effects of reradiation from highrise buildings, transmission lines, towers, and other structures upon AM broadcasting directional arrays[R]. Ottawa, Canada, Interim report No. 2, DOC Project 4-284-15010, 1978.

[10] TILSTON M A, BALMAIN K G. A microcomputer program for predicting AM broadcast re-radiation from steel tower power lines[J]. IEEE Transactions on Broadcasting, 1984, 30 (2): 50-56.

[11] KAVANAUGH S J, BALMAIN K G. Highrise Building Reradiation and Detuning at MF[J]. IEEE Transactions on Broadcasting, 1984, 30 (1): 8-16.

[12] ROYER G M. The Effects of Reradiation from High-Rise Buildings and Towers upon the Antenna Patterns for AM Broadcast Arrays[C]. Proceedings of the IEEE International Symposium on Electromagnetic Compatibility, 1981: 372-378.

[13] 赵志斌,干喆渊,张小武,等. 短波频段内 UHV 输电线路对无线电台站的无源干扰[J]. 高电压技术,2009,35 (8): 1818-1823.

[14] POCKLINGTON H E. Electrical oscillations in wires[C]. Proceedings of Cambridge Philosophical Society, 1897, 9: 324-332.

第2章

特高压输电线路无源干扰的电磁散射理论

2.1 电磁散射基础

2.1.1 麦克斯韦方程组

电磁理论中的基本定律是由 19 世纪一批顶尖科学家包括如奥斯特（Oersted）、安培（Ampère）以及法拉第（Faraday）等逐步建立起来的，后来由麦克斯韦（Maxwell）把这些定律归纳到一个数学上非常完美的基本方程组内，该方程组从宏观上阐述了电磁场与源（电、磁流）之间的关系。这组描述一切电磁现象的方程称为麦克斯韦方程组。

1. 麦克斯韦方程组的微分形式

$$\begin{cases} \nabla \times \boldsymbol{E}(\boldsymbol{r},t) = -\dfrac{\partial \boldsymbol{B}}{\partial t} \\ \nabla \times \boldsymbol{H}(\boldsymbol{r},t) = -\dfrac{\partial \boldsymbol{D}}{\partial t} + \boldsymbol{J}(\boldsymbol{r},t) \\ \nabla \cdot \boldsymbol{D}(\boldsymbol{r},t) = \rho_{\mathrm{e}}(\boldsymbol{r},t) \\ \nabla \cdot \boldsymbol{B}(\boldsymbol{r},t) = 0 \end{cases} \quad (2.1)$$

式中：$\boldsymbol{r}$ 为位置矢量；$\boldsymbol{E}(\boldsymbol{r},t)$ 为电场强度，V/m；$\boldsymbol{H}(\boldsymbol{r},t)$ 为磁场强度，A/m；$\boldsymbol{D}(\boldsymbol{r},t)$ 为电通量密度，C/m²；$\boldsymbol{B}(\boldsymbol{r},t)$ 为磁通密度或磁感应强度，T；$\boldsymbol{J}(\boldsymbol{r},t)$ 为电流密度，A/m²；$\rho_{\mathrm{e}}(\boldsymbol{r},t)$ 为电荷密度，C/m³[1]。

麦克斯韦为了保持电流与磁场的关系和连续性方程一致，在安培定律中，引入一项位移电流密度 $\dfrac{\partial \boldsymbol{D}(\boldsymbol{r},t)}{\partial t}$；另外他也预言了电磁波的存在，后经赫兹（Hertz）的试验所证实。100 多年来的事实也证明，所有的宏观电磁现象，包括波的激励、辐射、传播和散射都严格遵从麦克斯韦方程组。

由于客观上不存在磁源，故上述的麦克斯韦方程组是一个非对称形式的方程，但从数学观点看，对于这样一组耦合方程，若把麦克斯韦方程组变换为对称形式，则处理起来要方便得多。于是引入一个假想的磁源 $\boldsymbol{M}(\boldsymbol{r},t)$ 和 $\rho_{\mathrm{m}}(\boldsymbol{r},t)$，可以得到对称形式的麦克斯韦方程组

$$\begin{cases} \nabla \times \boldsymbol{E}(\boldsymbol{r},t) = -\dfrac{\partial \boldsymbol{B}(\boldsymbol{r},t)}{\partial t} - \boldsymbol{M}(\boldsymbol{r},t) \\ \nabla \times \boldsymbol{H}(\boldsymbol{r},t) = -\dfrac{\partial \boldsymbol{D}(\boldsymbol{r},t)}{\partial t} + \boldsymbol{J}(\boldsymbol{r},t) \\ \nabla \cdot \boldsymbol{D}(\boldsymbol{r},t) = \rho_{\mathrm{e}}(\boldsymbol{r},t) \\ \nabla \cdot \boldsymbol{B}(\boldsymbol{r},t) = \rho_{\mathrm{m}}(\boldsymbol{r},t) \end{cases} \quad (2.2)$$

式中：$M(r,t)$ 为磁流密度，V/m²；$\rho_\mathrm{m}(r,t)$ 为磁荷密度，Wb/m³。

磁流密度和磁荷密度纯粹是为了数学上的方便而引入的。这意味着，只要由等效源产生的场与由电流密度和电荷产生的一样，就证明了等效源的引入是正确的。

2. 连续性方程

电荷守恒的假定意味着，电流密度和电荷密度之和既不能产生也不能消失，所以电流密度和电荷密度必遵循总守恒规则。电荷守恒，从数学上讲，可以用连续性方程描述。连续性方程表明，电流密度 J（或磁流密度 M）的产生应该是电荷密度 ρ_e（或磁荷密度 ρ_m）的消失。另外，需要指出，麦克斯韦方程组中的高斯（Gauss）定律不是独立的，可以由麦克斯韦方程组中的另外两个方程及连续性方程导出。所以，通常的麦克斯韦方程组也包含如下连续性方程，即

$$\nabla \cdot J(r,t) + \frac{\partial \rho_\mathrm{e}(r,t)}{\partial t} = 0 \tag{2.3}$$

$$\nabla \cdot M(r,t) + \frac{\partial \rho_\mathrm{m}(r,t)}{\partial t} = 0 \tag{2.4}$$

3. 麦克斯韦方程组的积分形式

在电磁应用中，比如散射问题，往往把麦克斯韦方程组变换为积分形式较为方便。根据斯托克斯（Stokes）定理，即

$$\int_S \nabla \times A \cdot \mathrm{d}S = \oint_C A \cdot \mathrm{d}l \tag{2.5}$$

式中：A 为任意矢量函数；S 是曲线 C 围成的面积；$\mathrm{d}S$ 是 S 上的有向面元；$\mathrm{d}l$ 是 l 上的有向线元。应用斯托克斯定理，可得

$$\oint_C E(r,t) \cdot \mathrm{d}l = -\int_S \left[\frac{\partial B(r,t)}{\partial t} + M(r,t) \right] \cdot \mathrm{d}S \tag{2.6}$$

同样，应用斯托克斯定理于式（2.2）的第二式，得

$$\oint_C H(r,t) \cdot \mathrm{d}l = -\int_S \left[\frac{\partial D(r,t)}{\partial t} + J(r,t) \right] \cdot \mathrm{d}S \tag{2.7}$$

根据散度定理，即

$$\int_V \nabla \cdot A \mathrm{d}V = \oint_S A \cdot \mathrm{d}S \tag{2.8}$$

式中：S 是一封闭曲面；V 是曲面围成的体积；$\mathrm{d}S$ 是有向面元（从曲面内向外）；$\mathrm{d}V$ 是体积元。分别应用散度定理于式（2.2）的第三式和第四式，可分别得到

$$\oint_S D(r,t) \cdot \mathrm{d}S = \int_V \rho_\mathrm{e}(r,t) \mathrm{d}V \tag{2.9}$$

$$\oint_S B(r,t) \cdot \mathrm{d}S = \int_V \rho_\mathrm{m}(r,t) \mathrm{d}V \tag{2.10}$$

式（2.6）、式（2.7）、式（2.9）和式（2.10）构成麦克斯韦方程组的积分形式。

2.1.2 坡印亭矢量

源通过媒质传到远处的接收点时，在发射源和接收器之间由能量传输。坡印亭（Poynting）定理把能流率和场的振幅联系起来。本节先从麦克斯韦方程组导出坡印亭矢量。在时谐场情况下，能量和功率的计算是采用时间平均的坡印亭矢量进行的，所以随后讨论时间平均的坡印亭矢量。

1. 复坡印亭矢量

麦克斯韦方程组改写如下

$$\nabla \times \boldsymbol{E} = \mathrm{j}\omega\mu\boldsymbol{H} - \boldsymbol{M}_\mathrm{i}, \qquad \nabla \times \boldsymbol{H}^* = \mathrm{j}\omega\varepsilon^*\boldsymbol{E} + \boldsymbol{J}_\mathrm{i} = (\sigma + \mathrm{j}\omega\varepsilon)\boldsymbol{E}^* + \boldsymbol{J}_\mathrm{i}^* \tag{2.11}$$

式中：符号$(\cdot)^*$代表$(\cdot)$的复共轭。分别对式（2.11）第一式、第二式与$\boldsymbol{H}$、$\boldsymbol{E}$取点积，然后相减，可得

$$\boldsymbol{E}\cdot(\nabla \times \boldsymbol{H}^*) - \boldsymbol{H}^*\cdot(\nabla \times \boldsymbol{E}) = \boldsymbol{E}\cdot\boldsymbol{J}^* + \sigma\boldsymbol{E}\cdot\boldsymbol{E}^* + \mathrm{j}\omega\varepsilon\boldsymbol{E}\cdot\boldsymbol{E}^* - \mathrm{j}\omega\mu\boldsymbol{H}\cdot\boldsymbol{H}^* + \boldsymbol{H}^*\cdot\boldsymbol{M}_\mathrm{i} \tag{2.12}$$

用矢量等式化简，可得

$$-\nabla\cdot\left(\frac{1}{2}\boldsymbol{E}\times\boldsymbol{H}^*\right) = \frac{1}{2}\boldsymbol{E}\cdot\boldsymbol{J}_\mathrm{i}^* + \frac{1}{2}\boldsymbol{H}^*\cdot\boldsymbol{M}_\mathrm{i} + \frac{1}{2}\sigma\boldsymbol{E}\cdot\boldsymbol{E}^* + 2\mathrm{j}\omega\left(\frac{1}{4}\varepsilon\boldsymbol{E}\cdot\boldsymbol{E}^* - \frac{1}{4}\mu\boldsymbol{H}\cdot\boldsymbol{H}^*\right) \tag{2.13}$$

将其写为相应的积分表示式，其物理意义更为清晰，即

$$-\frac{1}{2}\int_V (\boldsymbol{E}\cdot\boldsymbol{J}_\mathrm{i}^* + \boldsymbol{H}^*\cdot\boldsymbol{M}_\mathrm{i})\mathrm{d}V = \oint_S \frac{1}{2}(\boldsymbol{E}\times\boldsymbol{H}^*)\cdot\mathrm{d}\boldsymbol{S} + \frac{1}{2}\int_V \sigma|\boldsymbol{E}|^2\mathrm{d}V$$
$$+ 2\mathrm{j}\omega\int_V\left(\frac{1}{4}\varepsilon|\boldsymbol{E}|^2 - \frac{1}{4}\mu|\boldsymbol{H}|^2\right)\mathrm{d}V$$

$$\tag{2.14}$$

令

$$P_\mathrm{i} = -\frac{1}{2}\int_V (\boldsymbol{E}\cdot\boldsymbol{J}_\mathrm{i}^* + \boldsymbol{H}^*\cdot\boldsymbol{M}_\mathrm{i})\mathrm{d}V \tag{2.15}$$

$$P_\mathrm{c} = \oint_S \frac{1}{2}(\boldsymbol{E}\times\boldsymbol{H}^*)\cdot\mathrm{d}\boldsymbol{S} \tag{2.16}$$

$$P_\mathrm{d} = \frac{1}{2}\int_V \sigma|\boldsymbol{E}|^2\mathrm{d}V \tag{2.17}$$

$$W_\mathrm{e} = \int_V\left(\frac{1}{4}\varepsilon|\boldsymbol{E}|^2\right)\mathrm{d}V \tag{2.18}$$

$$W_\mathrm{m} = \int_V\left(\frac{1}{4}\mu|\boldsymbol{H}|^2\right)\mathrm{d}V \tag{2.19}$$

依此，则式（2.14）可写为

$$P_\mathrm{i} = P_\mathrm{c} + P_\mathrm{d} + \mathrm{j}2\omega(W_\mathrm{e} - W_\mathrm{m}) \tag{2.20}$$

式中：P_i 是在体积 V 内由源 J_i、M_i 提供的复功率，可以看成是流出表面 S 的复功率流；体积 V 是由封闭表面 S 所围成的体积；P_c 是穿过 S 面的辐射功率；P_d 是在体积 V 内，由介质电导率 σ 引起的实功率损耗；W_e、W_m 分别是时间平均的电、磁能量。显然，式（2.20）符合功率守恒定律，项 $(\boldsymbol{E} \times \boldsymbol{H}^*)$ 被称为复坡印亭矢量。它表示某一点处，每平方米的复功率密度（任何电磁扰动的单位面积上的能流）。坡印亭定理指出，复坡印亭矢量在闭合面上的积分给出从闭合面流出的总的复功率[2]。

2. 时间平均坡印亭矢量[3]

在实际情况下，我们感兴趣的是时间平均通量，也称为波强度（或辐射通量密度）。对瞬时的坡印亭矢量的实分量在时间周期 T 内，取时间平均，即得到时间平均的坡印亭矢量，即

$$\boldsymbol{S}_{av} = \frac{1}{T}\int_0^T \mathrm{Re}[\boldsymbol{E}(r,t) \times \boldsymbol{H}^*(r,t)]\mathrm{d}t = \frac{1}{4T}\int_0^T (\boldsymbol{E} \times \boldsymbol{H}^*) + (\boldsymbol{E}^* \times \boldsymbol{H})\mathrm{d}t = \frac{1}{2}\mathrm{Re}(\boldsymbol{E} \times \boldsymbol{H}^*) \quad (2.21)$$

通过表面 S 流出的实功率为

$$\boldsymbol{S}_{av} = \frac{1}{2}\mathrm{Re}\left(\iint_S \boldsymbol{E} \times \boldsymbol{H}^* \cdot \mathrm{d}\boldsymbol{S}\right) \quad (2.22)$$

平均功率流的方向是沿有向面元 $\mathrm{d}\boldsymbol{S} = \boldsymbol{n}\mathrm{d}S$ 的外单位法线方向。

2.1.3 矢量位和标量位

如上所述，无论是在电磁散射和辐射问题中，要确定散射场、辐射场都必须求解麦克斯韦方程组，这可以通过使用位势的概念进行求解。把散射（辐射）场视为散射（辐射）系统（即目标）对场源的响应，通过磁、电的矢量位把源与场联系起来。

麦克斯韦方程组是线性的，满足叠加定理，故可把场量 $\boldsymbol{E}$、$\boldsymbol{H}$ 分解为如下两部分，即

$$\boldsymbol{E} = \boldsymbol{E}_e + \boldsymbol{E}_m, \qquad \boldsymbol{H} = \boldsymbol{H}_e + \boldsymbol{H}_m \quad (2.23)$$

式中：$\boldsymbol{E}_e$ 和 $\boldsymbol{H}_e$ 是电流密度 $\boldsymbol{J}$ 引起的响应，而 $\boldsymbol{E}_m$ 和 $\boldsymbol{H}_m$ 是由磁流密度 $\boldsymbol{M}$ 引起的响应。也即包含 $\boldsymbol{E}_e$ 和 $\boldsymbol{H}_e$ 的麦克斯韦方程组只是由电流密度源激励的（$M = \rho_m = 0$ 且 $J \neq 0$）

$$\begin{cases} \nabla \times \boldsymbol{E}_e = \mathrm{j}\omega\mu\boldsymbol{H}_e, \quad \nabla \times \boldsymbol{H}_e = -\mathrm{j}\omega\varepsilon\boldsymbol{E}_e + \boldsymbol{J} \\ \nabla \cdot (\varepsilon\boldsymbol{E}_e) = \rho_e, \quad \nabla \cdot (\mu\boldsymbol{H}_e) = 0 \end{cases} \quad (2.24)$$

由于 $\nabla \cdot (\mu\boldsymbol{H}_e) = 0$，且任何一个矢量函数旋度的散射等于零，所以可引入一个矢量 $\boldsymbol{A}$，令其满足

$$\boldsymbol{H}_e = \frac{1}{\mu}\nabla \times \boldsymbol{A} \quad (2.25)$$

称 $\boldsymbol{A}$ 磁矢量位，将式（2.25）中的 $\boldsymbol{H}_e$ 代入式（2.24）中第一式，得

$$\nabla \times (\boldsymbol{E}_e - \mathrm{j}\omega\boldsymbol{A}) = 0 \quad (2.26)$$

又因任何一个标量函数梯度的旋度等于零，所以存在一个电标量位，满足

$$E_e - j\omega A = -\nabla \phi_e \qquad (2.27)$$

将式（2.25）的 H_e 及式（2.26）的 E_e 代入式（2.24）第二式，得出

$$-\nabla \times \nabla \times A + \omega^2 \mu\varepsilon A + j\omega\mu\varepsilon\nabla\phi_e = -\mu J \qquad (2.28)$$

将式（2.26）的 E_e 代入式（2.24）第三式得

$$\nabla^2 \phi_e - j\omega\nabla \cdot A = -\frac{\rho_e}{\varepsilon} \qquad (2.29)$$

为了唯一确定 A，尚需制定条件 $\nabla \cdot A$，为此选用洛伦兹（Lorentz）规范，即

$$\nabla \cdot A = j\omega\mu\varepsilon\phi_e \qquad (2.30)$$

结合矢量等式 $\nabla \times \nabla \times A = -\nabla^2 A + \nabla(\nabla \cdot A)$，式（2.28）和式（2.29）化简为

$$-(\nabla^2 + k^2)A = -\mu J, \qquad (\nabla^2 + k^2)\phi_e = -\frac{\rho_e}{\varepsilon} \qquad (2.31)$$

式中：$k = \omega\sqrt{\mu\varepsilon}$ 是波数。式（2.31）称为非齐次亥姆霍兹（Helmholtz）方程。

一旦从式（2.30）解出 A 和 ϕ_e，就可以直接从式（2.26）和式（2.25）求出 E_e 和 H_e，即

$$E_e = j\omega A + \frac{j}{\omega\mu\varepsilon}\nabla(\nabla \cdot A), \qquad H_e = \frac{1}{\mu}\nabla \times A \qquad (2.32)$$

同样方法，可以仅借助磁源（$M \neq 0, J = \rho_e = 0$），确定 E_m 和 H_m，即

$$E_m = -\frac{1}{\varepsilon}\nabla \times F, \qquad H_m = j\omega F + \frac{j}{\omega\mu\varepsilon}\nabla(\nabla \cdot F) \qquad (2.33)$$

其中，电矢量位 F 和磁标量位 ϕ_m 分别满足

$$(\nabla^2 + k^2)F = -\varepsilon M, \qquad (\nabla^2 + k^2)\phi_m = -\frac{\rho_m}{\mu} \qquad (2.34)$$

将式（2.33）和式（2.34）结合在一起，得到

$$E = E_e + E_m = j\omega A + \frac{j}{\omega\mu\varepsilon}\nabla(\nabla \cdot A) - \frac{1}{\varepsilon}\nabla \times F \qquad (2.35)$$

$$H = H_e + H_m = \frac{1}{\mu}\nabla \times A + j\omega F + \frac{j}{\omega\mu\varepsilon}\nabla(\nabla \cdot F) \qquad (2.36)$$

至此，场量 E 和 G 可以完全用 A 和 F 描述，关键问题是求解满足一定边界条件的亥姆霍兹方程。

2.1.4 雷达目标散射截面

大量的无线电台站使用了雷达设备，因此，本节对雷达及其探测性能的评价参量，即雷达目标散射截面进行简单的介绍。

一个最基本的脉冲雷达系统的原理性框架如图 2.1 所示，它主要由天线、发射机、接收机等收发设备，用于目标检测和信息提取的信号处理机，以及其他终端设备组成。

雷达发射功率为 P_t，发射天线的增益为 G_t。若接收与发射采用同一天线，即收发天

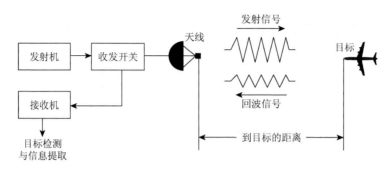

图 2.1　雷达系统基本原理[4]

线增益相同，$G_t = G_r$，其有效接收面积为 A_e，且有 $A_e = \lambda^2 G_r/4\pi$，λ 为雷达波长；当雷达到目标的距离为 R 时，在雷达接收天线处收到的目标回波功率 P_r 可表示为[4]

$$P_r = \frac{P_t G_t}{4\pi R^2} \cdot \sigma \cdot \frac{A_e}{4\pi R^2} \cdot \frac{1}{L} \tag{2.37}$$

式（2.37）的物理概念是：右边第一分式为目标处的照射功率密度（W/m²），它取决于雷达发射功率、天线增益和目标距离；σ 为所观测目标的雷达散射截面（radar cross section，RCS，单位：m²），它度量了目标对雷达入射波的散射能力；前两部分乘积为目标的散射功率（W），再与第三分式相乘后为接收天线所截获的目标散射功率；最后，进一步考虑系统损耗和传播衰减的影响因子 $1/L$ 后，得到在雷达接收天线处收到的目标回波功率。从式中可以看出，雷达接收的目标回波功率与目标的 RCS 成正比，而与目标到雷达站之间距离 R 的四次方成反比。

如前所述，目标 RCS 是度量目标对雷达波散射能力的一个物理量。对 RCS 的定义有两种观点：一种是从电磁散射理论的观点；另一种是从雷达测量的观点。两者的基本概念是统一的，均定义为单位立体角内目标朝接收方向散射的功率与从给定方向入射于该目标的平面波功率密度之比为 4π 倍。

从电磁散射理论观点解释[5]：雷达目标散射的电磁能量可以表示为目标的等效面积与入射功率密度的乘积，它是基于在平面电磁波照射下，目标散射具有各向同性的假设。对于这样一种平面波，其入射能量密度为

$$W_i = \frac{1}{2} \boldsymbol{E}_i \times \boldsymbol{H}_i = \frac{|\boldsymbol{E}_i|^2}{2\eta_0} \boldsymbol{e}_i \times \boldsymbol{h}_i \tag{2.38}$$

式中：$\boldsymbol{E}_i$、$\boldsymbol{H}_i$ 为入射电场强度与电磁强度；$\boldsymbol{e}_i = \boldsymbol{E}_i/|\boldsymbol{E}_i|$；$\boldsymbol{h}_i = \boldsymbol{H}_i/|\boldsymbol{H}_i|$；$\eta_0 = 120\pi\Omega$ 为自由空间波阻抗。

借用天线口径有效面积的概念，目标截取的总功率为入射功率密度与目标等效面积的乘积，即

$$P = \sigma |W_i| = \frac{\sigma}{2\eta_0} |\boldsymbol{E}_i|^2 \tag{2.39}$$

假设功率是各向同性均匀地向四周立体角散射，则在距离目标处的目标散射功率密度为

$$|W_S| = \frac{P}{4\pi R^2} = \frac{\sigma |E_i|^2}{8\pi \eta_0 R^2} \quad (2.40)$$

而散射功率密度又可用散射场强 E_S 来表示，即

$$|W_S| = \frac{|E_S|^2}{2\eta_0} \quad (2.41)$$

由式（2.39）与式（2.41）可得

$$\sigma = 4\pi R^2 \frac{|E_S|^2}{|E_i|^2} \quad (2.42)$$

式（2.42）符合 RCS 的定义[6]。当距离 R 足够远时，照射目标的入射波近似为平面波，这时与距离 R 无关（因为散射场强 E_S 与 R 成反比、与 E_i 成正比），因而定义远场 RCS 时，R 应趋向无限大，即要满足远场条件。

据此，由电场和磁场的储能可互相转换的原理[7]，远场 RCS 的表达式为

$$\sigma = \lim_{R \to \infty} 4\pi R^2 \frac{|E_S|^2}{|E_i|^2} = \lim_{R \to \infty} 4\pi R^2 \frac{|H_S|^2}{|H_i|^2} \quad (2.43)$$

从雷达测量观点定义的 RCS，可由雷达方程推导出来。在式（2.43）中忽略系数损耗与传播衰减影响因子，并经整理可变形为

$$\sigma = 4\pi R^2 \cdot \frac{P_r}{A_e} \cdot \frac{1}{\dfrac{P_t G_t}{4\pi R^2}} \quad (2.44)$$

注意到式中右边第二分式表示接收天线处的目标散射功率密度，第三分式的分母部分表示目标处的雷达照射功率。因此，有

$$\sigma = 4\pi R^2 \cdot \frac{\text{接收天线处的目标散射功率密度}}{\text{目标处照射功率密度}} \quad (2.45)$$

式（2.45）就是从雷达方程式导出的目标 RCS 定义，可见它从电磁散射理论得出的 RCS 定义式是完全一致的。

2.2 电磁散射的电场积分方程

2.2.1 格林函数

积分方程的优点之一是格林函数可以精确地描述电磁场在数值网格的传播过程，从而减少数值色散误差。本质上说，格林函数就是波动方程在点源激励下的基本解。应用格林函数，在任意激励下的空间任何一点处的场都可以利用格林函数和源函数的积分来表示。

1. 标量格林函数

为简单起见，首先介绍自由空间中的二维标量格林函数。考虑一个在 TM 波照射下的二维柱体，如图 2.2 所示。二维柱体可以为理想导体柱，也可以为介质柱。在 TM 波激励下，将在理想导体柱表面激发起表面电流，在介质柱内部激发起体电流。这些电流均只有轴向分量，它们的二次辐射即形成二维柱体的散射场。

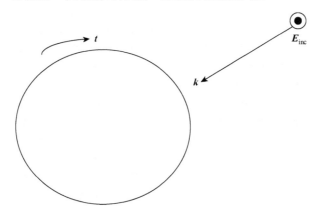

图 2.2　TM 波照射下的二维柱体

根据麦克斯韦方程组，可以获得二维柱体外部空间的散射电场所满足的亥姆霍兹方程

$$(\nabla^2 + k^2)\phi(\boldsymbol{r}) = -\mathrm{i}\omega\mu \boldsymbol{J}(\boldsymbol{r}) \quad (\boldsymbol{r} \in V_{\mathrm{out}}) \tag{2.46}$$

式中：V_{out} 表示柱体的外部空间；$\boldsymbol{J}(\boldsymbol{r})$ 为柱体上的感应电流。为简便起见，本章中采用并省掉了时谐因子 $\mathrm{e}^{-\mathrm{i}\omega t}$。将式（2.46）的右边项用冲击点源替换，可以获得标量格林函数，定义如下

$$(\nabla^2 + k^2)g(\boldsymbol{r}, \boldsymbol{r}') = -\delta(\boldsymbol{r} - \boldsymbol{r}') \tag{2.47}$$

借助于标量格林函数，散射电场可以方便地用积分表示为

$$\phi(\boldsymbol{r}) = \mathrm{i}\omega\mu \int g(\boldsymbol{r}, \boldsymbol{r}') \boldsymbol{J}(\boldsymbol{r}') \mathrm{d}\boldsymbol{r}' \tag{2.48}$$

式（2.48）中的积分可以为线积分（理想导体柱）或者为面积分（介质柱）。因此，问题的关键是获得标量格林函数的解析表达式。

为了获得格林函数的解析表达式，采用如图 2.3 所示的局部坐标系。在此坐标系下，式（2.48）在 $\boldsymbol{r} \neq \boldsymbol{r}'$ 时可以化简为

$$\frac{\mathrm{d}^2 g}{\mathrm{d}\rho^2} + \frac{1}{\rho}\frac{\mathrm{d}g}{\mathrm{d}\rho} + k^2 g = 0 \tag{2.49}$$

显然，这是一个零阶贝塞尔方程，其通解为

$$g(\rho) = C_1 \mathrm{H}_0^{(1)}(k\rho) + C_2 \mathrm{H}_0^{(2)}(k\rho) \tag{2.50}$$

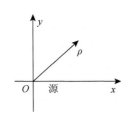

图 2.3　求解二维标量格林函数时的局部坐标

式中：$C_1 H_0^{(1)}(k\rho)$ 和 $C_2 H_0^{(2)}(k\rho)$ 为零阶第一类和第二类汉克尔（Hankel）函数。因为 $C_2 H_0^{(2)}(k\rho)$ 表示迎着源传播的入射波，是非物理解，因此方程的通解可以写为

$$g(\rho) = C_1 H_0^{(1)}(k\rho) \tag{2.51}$$

为了确定待定系数 C_1，需要把式（2.51）代入式（2.47），在局部坐标下可表示为

$$(\nabla^2 + k^2) g(\rho) = -\delta(\rho) \tag{2.52}$$

对式（2.52），在局部坐标下以原点为圆心，在半径为 ε 的很小圆盘内内积分，可以得

$$\int_{S_\varepsilon} \nabla^2 g(\rho) \mathrm{d}S + k^2 \int_0^{2\pi} \int_0^\varepsilon C_1 H_0^{(1)}(k\rho) \rho \mathrm{d}\rho \mathrm{d}\varphi = -1 \tag{2.53}$$

可以证明，S_ε 上式左边第二项为零，即

$$\int_0^{2\pi} \int_0^\varepsilon C_1 H_0^{(1)}(k\rho) \rho \mathrm{d}\rho \mathrm{d}\varphi = 2\pi C_1 k\rho H_1^{(1)}(k\rho) \Big|_0^\varepsilon = 0 \tag{2.54}$$

对式（2.53）左边第一项应用高斯定理和汉克尔函数的小宗量近似，有

$$\int_{S_\varepsilon} \nabla^2 g(\rho) \mathrm{d}S = \oint_{C_\varepsilon} \nabla g(\rho) \cdot \rho \mathrm{d}l = -2\pi C_1 k\varepsilon H_1^{(1)}(k\varepsilon) = \mathrm{i}4 C_1 \tag{2.55}$$

将式（2.55）和式（2.54）代入式（2.53），即可以得到待定系数

$$C_1 = \frac{\mathrm{i}}{4} \tag{2.56}$$

从而得到二维标量格林函数

$$g(\rho) = \frac{\mathrm{i}}{4} H_0^{(1)}(k\rho) \tag{2.57}$$

在全局坐标系中，式（2.57）可以推广为

$$g(\boldsymbol{r}-\boldsymbol{r}') = \frac{\mathrm{i}}{4} H_0^{(1)}(k|\boldsymbol{r}-\boldsymbol{r}'|) \tag{2.58}$$

式中：$\boldsymbol{r}'$ 表示源点的位置。因此，二维柱体的散射电场最终可以由式（2.59）给出，即

$$\phi(\boldsymbol{r}) = -\frac{\omega\mu}{4} \int H_0^{(1)}(k|\boldsymbol{r}-\boldsymbol{r}'|) \boldsymbol{J}(\boldsymbol{r}') \mathrm{d}\boldsymbol{r}' \tag{2.59}$$

同样，可以得到二维拉普拉斯方程（对应于静电场问题）的格林函数

$$g(\boldsymbol{r}-\boldsymbol{r}') = \frac{1}{2\pi} \ln(|\boldsymbol{r}-\boldsymbol{r}'|) \tag{2.60}$$

对于三维问题，亥姆霍兹方程（2.47）在局部球坐标系下（即 $\boldsymbol{r}' = 0$）的形式为

$$\frac{1}{r^2} \frac{\mathrm{d}}{\mathrm{d}r}\left(r^2 \frac{\mathrm{d}g}{\mathrm{d}r}\right) + k^2 g = -\delta(r) \tag{2.61}$$

如果定义一个新的变量 $\psi = rg$，则当 $r \neq 0$ 时，式（2.61）可以简写为

$$\frac{\mathrm{d}^2 \psi}{\mathrm{d}r^2} + k^2 \psi = 0 \tag{2.62}$$

显而易见，式（2.62）的通解很容易求得，即

$$\psi(r) = C_1 \mathrm{e}^{\mathrm{i}kr} + C_2 \mathrm{e}^{\mathrm{i}kr} \tag{2.63}$$

式中：右边第一项代表从源出发的外向波，为物理解；第二项代表迎着源方向的内向波，

为非物理解，因此 $C_2 = 0$。应用与二维情况完全类似的方法，可以求得待定系数为 $C_2 = 1/4\pi$。从而，可以得到三维标量格林函数的一般表示形式为

$$g(r,r') = \frac{e^{ik|r-r'|}}{4\pi|r-r'|} \tag{2.64}$$

相应地，三维拉普拉斯方程（静电场问题）的格林函数可以写为

$$g(r,r') = \frac{1}{4\pi|r-r'|} \tag{2.65}$$

同样，式（2.64）和式（2.65）中的是源 r' 所在的位置。

2. 矢量波动方程和并矢格林函数

考虑一个电流源 $J(r')$，其产生的电场 $E(r)$ 和磁场 $H(r)$ 满足麦克斯韦方程组，即

$$\nabla \times H = -i\omega\varepsilon E + J \tag{2.66}$$

$$\nabla \times E = i\omega\mu H \tag{2.67}$$

$$\nabla \cdot \mu H = 0 \tag{2.68}$$

$$\nabla \cdot \varepsilon E = \rho \tag{2.69}$$

对于均匀媒质空间，将式（2.67）代入式（2.66），可以得到关于电场的矢量波动方程：

$$\nabla \times \nabla \times E - k^2 E = i\omega\mu J \tag{2.70}$$

从式（2.68）可以看出，μH 是一个无散场，因此可以用一个矢量的旋度来表示，即

$$\mu H(r) = \nabla \times A(r) \tag{2.71}$$

式中：$A(r)$ 是磁矢位函数。将式（2.71）代入式（2.67），有

$$\nabla \times E(r) \times = i\omega \nabla \times A(r) \tag{2.72}$$

考虑到恒等式 $\nabla \times (\nabla \phi) = 0$，从式（2.72）可以得到电场强度的一般表达式

$$E(r) \times = i\omega A(r) - \nabla \phi(r) \tag{2.73}$$

式中：$\phi(r)$ 称为电标位函数。将式（2.72）和式（2.73）代入式（2.70）有

$$\nabla \times \nabla \times A - k^2 A = i\omega\mu\varepsilon \nabla \phi + \mu J \tag{2.74}$$

应用矢量恒等式

$$\nabla \times \nabla \times A = \nabla(\nabla \cdot A) - \nabla^2 A \tag{2.75}$$

可得

$$(\nabla^2 + k^2)A = \nabla(\nabla \cdot A) - i\omega\mu\varepsilon\nabla\phi - \mu J \tag{2.76}$$

引入洛伦兹规范

$$\nabla \cdot A = i\omega\mu\varepsilon\phi \tag{2.77}$$

则式（2.76）等价于

$$(\nabla^2 + k^2)\mathbf{A} = -\mu \mathbf{J} \qquad (2.78)$$

同时，对方程（2.73）两边求散度，即可获得关于电标位的亥姆霍兹方程

$$(\nabla^2 + k^2)\phi = -\frac{\rho}{\varepsilon} \qquad (2.79)$$

应用前面讨论的标量格林函数，从而获得磁矢位和电标位的表示式为

$$\begin{cases} \mathbf{A}(\mathbf{r}) = \mu \int_V \mathrm{d}\mathbf{r}' g(\mathbf{r},\mathbf{r}')\mathbf{J}(\mathbf{r}') \\ \phi(\mathbf{r}) = \frac{1}{\varepsilon} \int_V \mathrm{d}\mathbf{r}' g(\mathbf{r},\mathbf{r}')\rho(\mathbf{r}') \end{cases} \qquad (2.80)$$

将式（2.80）代入洛伦兹规范式（2.77），可以得到电流连续性方程，即

$$\nabla \cdot \mathbf{J} = -\frac{\partial \rho}{\partial t} \qquad (2.81)$$

或

$$\nabla \cdot \mathbf{J} = \mathrm{i}\omega\rho \qquad (2.82)$$

同时，将式（2.80）代入电场强度表达式（2.73），则有

$$\mathbf{E}(\mathbf{r}) = \mathrm{i}\omega\mu \int_V \mathrm{d}\mathbf{r}' g(\mathbf{r},\mathbf{r}')\mathbf{J}(\mathbf{r}') - \nabla \frac{1}{\varepsilon}\int_V \mathrm{d}\mathbf{r}' g(\mathbf{r},\mathbf{r}')\rho(\mathbf{r}') = \mathrm{i}\omega\mu \int_V \mathrm{d}\mathbf{r}' \mathbf{G}_\mathrm{e}(\mathbf{r},\mathbf{r}') \cdot \mathbf{J}(\mathbf{r}') \qquad (2.83)$$

式中：$\mathbf{G}_\mathrm{e}(\mathbf{r},\mathbf{r}')$ 表示电场并矢格林函数，即

$$\mathbf{G}_\mathrm{e}(\mathbf{r},\mathbf{r}') = \left(\mathbf{I} + \frac{\nabla\nabla}{k^2}\right)g(\mathbf{r},\mathbf{r}') \qquad (2.84)$$

类似地，将式（2.80）第一式代入式（2.71），可得磁场强度及并矢格林函数表达式

$$\mathbf{H}(\mathbf{r}) = \int_V \mathrm{d}\mathbf{r}' \nabla \times g(\mathbf{r},\mathbf{r}')\mathbf{J}(\mathbf{r}') = \int_V \mathrm{d}\mathbf{r}' \mathbf{G}_\mathrm{m}(\mathbf{r},\mathbf{r}') \cdot \mathbf{J}(\mathbf{r}') \qquad (2.85)$$

其中，磁场并矢格林函数为

$$\mathbf{G}_\mathrm{m}(\mathbf{r},\mathbf{r}') = \nabla \times g(\mathbf{r},\mathbf{r}')\mathbf{I} \qquad (2.86)$$

式中：$\mathbf{I}$ 为单位算子。

2.2.2 电场积分方程

1. 导体目标的表面积分方程

对于理想导体 V，在入射平面波 $\mathbf{E}_\mathrm{inc}$ 的作用下，会在其表面产生感应面电流。感应面电流在导体表面产生的散射电场 $\mathbf{E}_\mathrm{sca}$ 可以用式（2.87）来表示，不同的是将其中的体积分变成面积分，因为这里的电流只分布在理想导体表面。因此有

$$\mathbf{E}_\mathrm{sca}(\mathbf{r}) = \mathrm{i}\omega\mu \int_S g(\mathbf{r},\mathbf{r}')\mathbf{J}(\mathbf{r}')\mathrm{d}S' - \frac{1}{\mathrm{i}\omega\varepsilon}\nabla \int_S g(\mathbf{r},\mathbf{r}')\nabla' \cdot \mathbf{J}(\mathbf{r}')\mathrm{d}S' \qquad (2.87)$$

同样，在导体表面产生的散射磁场同样为式（2.85）的面积分形式，即

$$\mathbf{H}_\mathrm{sca}(\mathbf{r}) = \int_S \nabla \times [g(\mathbf{r},\mathbf{r}')\mathbf{J}(\mathbf{r}')]\mathrm{d}S' \qquad (2.88)$$

式中：$g(\boldsymbol{r},\boldsymbol{r}')$ 是自由空间中标量格林函数，其表达式由式（2.64）给出。在理想导体表面应用切向电场和切向磁场的边界条件，有

$$\boldsymbol{t} \cdot [\boldsymbol{E}_{\text{sca}}(\boldsymbol{r}) + \boldsymbol{E}_{\text{inc}}(\boldsymbol{r})] = 0 \tag{2.89}$$

$$\boldsymbol{t} \times [\boldsymbol{H}_{\text{sca}}(\boldsymbol{r}) + \boldsymbol{H}_{\text{inc}}(\boldsymbol{r})] = \boldsymbol{J}(\boldsymbol{r}) \tag{2.90}$$

式中：$\boldsymbol{t}$ 为单位切向矢量，为理想导体表面的外法向单位矢量。将式（2.87）代入式（2.89），得到理想导体表面电流的电场积分方程（electric field integral equation，EFIE）

$$\mathrm{i}\omega\mu\hat{\boldsymbol{t}} \cdot \int_S g(\boldsymbol{r},\boldsymbol{r}')\boldsymbol{J}(\boldsymbol{r}')\mathrm{d}S' - \frac{1}{\mathrm{i}\omega\varepsilon}\boldsymbol{t} \cdot \nabla \int_S g(\boldsymbol{r},\boldsymbol{r}')\nabla' \cdot \boldsymbol{J}(\boldsymbol{r}')\mathrm{d}S' = -\boldsymbol{t} \cdot \boldsymbol{E}_{\text{inc}} \tag{2.91}$$

式中：$\boldsymbol{r} \in S$。同理，将式（2.88）代入式（2.90），得到理想导体表面电流的磁场积分方程（magnetic field Integral equation，MFIE）

$$\boldsymbol{n} \cdot \boldsymbol{H}_{\text{inc}}(\boldsymbol{r}) = \boldsymbol{J}(\boldsymbol{r}) - \boldsymbol{n} \times \nabla \times \int_S g(\boldsymbol{r},\boldsymbol{r}')\boldsymbol{J}(\boldsymbol{r}')\mathrm{d}S' \tag{2.92}$$

当 $\boldsymbol{r} = \boldsymbol{r}'$ 时，磁场积分方程（2.92）存在奇异点，其奇异项为 $-\dfrac{\Omega}{4\pi}\boldsymbol{J}(\boldsymbol{r})$，可方便地剔除。这里，$\Omega$ 是奇异点处所展成的立体角。对于常见光滑曲面，$\Omega = 2\pi$。这样，在去掉奇异性之后的磁场积分方程（2.92）可改写为

$$\boldsymbol{n} \cdot \boldsymbol{H}_{\text{inc}}(\boldsymbol{r}) = \frac{1}{2}\boldsymbol{J}(\boldsymbol{r}) - \boldsymbol{n} \times \nabla \times \mathrm{P.V.}\int_S g(\boldsymbol{r},\boldsymbol{r}')\boldsymbol{J}(\boldsymbol{r}')\mathrm{d}S' \tag{2.93}$$

式中：$\mathrm{P.V.}\int_S$ 表示积分的主值。去掉奇异性之后，方程（2.93）比方程（2.92）更有效。

由前面的讨论可知，标量格林函数 $g(\boldsymbol{r},\boldsymbol{r}')$ 在 $\boldsymbol{r} = \boldsymbol{r}'$ 时存在奇异性。与电场积分方程（2.91）相比较，磁场积分方程（2.93）的积分核具有低阶奇异性。同时，由于主项电流的存在，磁场积分方程的条件数要比电场积分方程的小很多。在这两种积分方程的数值方法中其具体体现是，磁场积分方程的收敛速度要比电场积分方程快得多，因为它所对应的阻抗矩阵具有很小的条件数。但是，磁场积分方程（2.93）只适用于封闭的导体结构，而电场积分方程（2.91）却同时适用于封闭和开放的金属导体。应该指出，尽管方程（2.93）同时适用于封闭和开放结构，在具体处理时还是有微小差别的。

综上所述，电场积分方程及磁场积分方程都可用来分析封闭理想导体的电磁散射及辐射问题。然而，对于任意封闭导体，都存在电场及磁场的谐振频率（或本征频率）。当工作频率处在电场谐振频率附近时，电场积分方程不能给出正确解。同理，当工作频率处于磁场谐振频率附近时，磁场积分方程失效。为了避免电场和磁场的内谐振问题，我们引入电场和磁场的混合积分方程（combined field integral equation，CFIE）。由于封闭导体的电场及磁场的谐振频率总是相互分离的，所以混合积分方程具有更好的适用性。简单地讲，将电场积分方程（2.91）与磁场积分方程（2.93）进行适当的混合，即可得到混合积分方程

$$\alpha(\mathrm{EFIE}) + (1-\alpha)\eta(\mathrm{MFIE}) \tag{2.94}$$

式中：α 为混合参数，介于 0 与 1 之间；η 为自由空间中的波阻抗，它的引入是为了使 FEIE 部分与 MFIE 部分具有同样的量纲。很明显，当 $\alpha = 1$ 时，混合积分方程就转化为

电场积分方程；当 $\alpha = 0$ 时，混合积分方程就转化为磁场积分方程。使用混合积分方程可以避免电场和磁场的内谐振问题，同时混合积分方程的条件数很小，可以使所要求解问题快速收敛。因此，混合积分方程是研究封闭导体结构电磁散射和辐射问题的首选方程。

需要特别指出的是，在实际应用中，对于载有线天线的复杂结构，混合积分方程仅适用于场点和源点均在封闭结构表面的形式。对于开放结构，即线天线-面连接部分，我们只能使用电场积分方程，尽管由电场积分方程所产生的阻抗矩阵的条件数比较大。

2. 细导线目标的线积分方程

细导线结构是导体目标的一个特例，是指其横向尺寸远小于轴向尺寸的一类结构。此时，电流仅沿着导线轴的方向流动。虽然简单，细导线结构同样也是非常重要的实际问题。例如广泛应用的线天线、复杂载体（如飞机、汽车等）上的线天线和线状散射体等。由于细导线通常是一个开放结构，因此采用电场积分方程。

细导线条件下，电场积分方程（2.91）可以大为简化。一般说来，细导线的表面积分可以写为

$$\int_S dS' = \int_l dl' \int_C dC' \tag{2.95}$$

式中：右边项的前者为轴向积分，后者为横截面上的曲线积分。由于电流 J 只是轴向变量的函数，即 $J = J(l)$，因此电场积分方程（2.91）可以简化为

$$i\omega\mu \int_L l \cdot l' g(r, r'(l')) J(r') dl' - \frac{1}{i\omega\varepsilon} \frac{d}{dl} \int_L g(r, r'(l')) \frac{dI(l')}{dl'} dl' = -l \cdot E_{\text{inc}}(r) \tag{2.96}$$

式中：l 为沿着细导线轴线方向的单位矢量；而

$$I(l) = 2\pi a J(l) \tag{2.97}$$

是沿着细导线轴向方向上的线电流密度；a 为细导线的半径。实际上，当细导线为直线时，式（2.96）即简化为著名的 Pocklington 方程。

2.3 电场积分方程的求解算法

2.3.1 矩量法

1. 矩量法基本原理

考虑如下的非齐次线性算子方程

$$A(f) = g(\Omega) \tag{2.98}$$

式中：A 是线性算子；f 是未知函数（响应，也即输电线路模型上的电流）；g 是已知函数（激励，也即入射电磁波）；Ω 是算子 A 的定义域（未知函数 f 的定义域）。

方程（2.98）是否可解，取决于已知函数 g 的值域是否位于算子 A 的值域内。即使当函数 g 的值域位于算子 A 的值域内，未知函数 f 也不一定是唯一的，还需要结合边界条件确定方程的解。直接求解方程（2.98）的精确解非常困难，但可以通过近似求解方法来获取方程的近似解。

方程（2.98）的求解方式是将未知函数 f 在 A 的定义域内近似展开为已知函数 $f_1, f_2, f_3, \cdots, f_n$ 的组合，即

$$f \approx f^N = \sum_{n=1}^{N} \alpha_n^N f_n \tag{2.99}$$

式中：α_n^N 为展开系数；$f_n (n=1,2,\cdots,N)$ 为一组线性无关的已知函数，即基函数。

对于方程的精确解，N 为无穷大。因此，当 N 为有限时，式（2.99）中 f^N 是未知函数 f 的近似表示。当用来展开未知函数的基函数选取比较合适时，随着基函数数目的增大，f^N 将逼近精确解 f。

将未知函数展开为已知函数（基函数）的过程称为对未知函数的离散。离散后的函数 f^N 为原函数精确解 f 的近似表示形式，将离散后的近似函数 f^N 代入式（2.99），方程不能说准确成立。定义两者差值 R 为

$$R = A\left(\sum_{n=1}^{N} \alpha_n^N f_n\right) - g = \sum_{n=1}^{N} \alpha_n^N A(f_n) - g \tag{2.100}$$

若在线性函数空间中已经定义了内积，在算子值域内选择一组线性无关的函数 $\omega_1, \omega_2, \cdots, \omega_N$，用这些函数对差值 R 进行检验可得到线性方程组

$$\langle \omega_i, R \rangle = 0 \tag{2.101}$$

式中：函数 $\omega_1, \omega_2, \cdots, \omega_N$ 称为权函数。

式（2.101）可写成下面的矩阵方程组

$$[L_{mn}][\alpha_n] = [g_m] \tag{2.102}$$

式中：

$$[L_{mn}] = \begin{bmatrix} \langle \omega_1, A(f_1) \rangle & \langle \omega_1, A(f_2) \rangle & \cdots & \langle \omega_1, A(f_N) \rangle \\ \langle \omega_2, A(f_1) \rangle & \langle \omega_2, A(f_2) \rangle & \cdots & \langle \omega_2, A(f_N) \rangle \\ \vdots & \vdots & & \vdots \\ \langle \omega_N, A(f_1) \rangle & \langle \omega_N, A(f_2) \rangle & \cdots & \langle \omega_N, A(f_N) \rangle \end{bmatrix} \tag{2.103}$$

$$[\alpha_n] = \begin{bmatrix} \alpha_1^N \\ \alpha_2^N \\ \vdots \\ \alpha_N^N \end{bmatrix}, \quad [g_m] = \begin{bmatrix} \langle \omega_1, g \rangle \\ \langle \omega_2, g \rangle \\ \vdots \\ \langle \omega_N, g \rangle \end{bmatrix} \tag{2.104}$$

2. 基函数与检验函数的选择依据

基函数 f_n 的选取决定了近似解的函数空间，从而决定了近似解对精确解的收敛特

性。检验函数 ω_n 的选取决定了近似解对基函数的展开系数。基函数和检验函数的选取对于算子方程的求解至关重要,直接决定了算子方程近似解的精确性,甚至是方程的可解性。因此,对于输电线路无源干扰这一特定问题,方程求解的关键就是基函数 f_n 和检验函数 ω_n 的选取。

基函数通常分为两类:全域基函数和子域基函数。全域基函数是定义在整个未知函数定义域内的函数;子域基函数是定义在未知函数定义域内的子域的函数。用电场积分方程描述复杂的物理问题时,未知函数的定义域比较复杂,在这些复杂域内定义满足物理特性的基函数是非常困难的。因此,全域基函数更适合用于某些特殊问题的求解,如典型目标或者周期结构等,而在任意结构的开域问题的求解中很少应用。子域基函数恰恰克服了全域基函数的这一缺点而得到了广泛的应用,尤其在开域问题的矩量法求解中占据了绝对的优势地位。

子域基函数是指用来展开未知函数 f 的基函数,f_n 只在 f 定义域的各个子域内存在定义,而在其他子域恒为 0。展开式(2.104)中每一个展开系数 α_n^N 只在所对应的区域内影响近似解 f^N。子域基函数的最一般形式可表示为

$$f_n = \begin{cases} g_n & (\Omega_n) \\ 0 & (其他) \end{cases} \tag{2.105}$$

式中:Ω_n 为基函数 f_n 对应的子域。可以看出,子域基函数的定义与未知函数定义域的子域密切相关,对子域的划分直接影响到基函数的形式。子域的划分需要考虑子区域的大小、形状以及对原来求解区域的逼近准确度。划分完子域后,在子域内定义基函数需要结合子区域类型和具体的积分方程进行选择。对于线状模型,可采取脉冲基函数或三角形基函数;而对于三维电场表面积分方程,则可采用 RWG(rao-wilton-gisson)基函数等;若采用曲面元离散时,可以采用插值矢量基或分级多项式基函数等。

检验函数的选取也是多样的,与子区域的类型有关。比较常用的检验函数选取方法包括点选配(点脉冲函数检验)和伽略金法(基函数检验)等。

2.3.2 高频近似算法

物理光学法(PO)是经典的高频近似方法之一,其将散射场表示为散射体表面上感应电流的积分,散射体的感应面电流是以几何光学近似确定的。物理光学法能够计算天线或散射体的近区和远区散射场。

1. Stratton-Chu 积分方程及其简化

在求解电磁问题中,一般采用麦克斯韦方程组或其等效积分方程,而 Stratton-Chu(斯特拉顿-朱兰成)积分方程就是常见的等效积分方程之一。该积分方程具有自动满足电场边界条件的特性,这种特性可以使所求电场在无源空间中表示成一个积分。

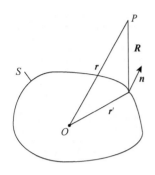

图 2.4 无源空间内的电场

建立如图 2.4 所示的球坐标系,其中 S 为散射体表面,观察点 P 位于表面 S 以外,其中 r 是远区场点 P 的位置矢量,r' 是表面点的位置矢量,$R = r - r'$。

Stratton-Chu 积分方程可表示为

$$\begin{cases} E_S = \dfrac{1}{4\pi}\int_S [(n\times E^T)\times \nabla\varphi_0 + j\omega\mu(n\times H^T)\varphi_0 + (n\cdot E^T)\nabla\varphi_0]\mathrm{d}S \\ H_S = \dfrac{1}{4\pi}\int_S [(n\times H^T)\times \nabla\varphi_0 - j\omega\mu(n\times E^T)\varphi_0 + (n\cdot H^T)\nabla\varphi_0]\mathrm{d}S \end{cases}$$

(2.106)

式中:E_S 为散射电场;H_S 为散射磁场;ω 为角频率;E^T 和 H^T 分别 r' 为处的电场和磁场;n 为在 S 表面 r' 处的单位法向矢量;φ_0 为自由空间的格林函数,$\varphi_0 = \exp(-jkR)/4\pi R$。

根据式(2.106)可以看出,在大多数电磁散射问题中,E_S、H_S、E^T 和 H^T 均为未知量,因此 Stratton-Chu 积分方程的应用受到了一定制约。当人们研究纯导体目标散射时,由于导体表面 $n\cdot E^T = 0$ 与 $n\cdot H^T = 0$,可使积分方程简化为

$$\begin{cases} E_S = \dfrac{1}{4\pi}\int_S [j\omega\mu(n\times H^T)\varphi_0 + (n\cdot E^T)\nabla\varphi_0]\mathrm{d}S \\ H_S = \dfrac{1}{4\pi}\int_S [(n\times H^T)\times \nabla\varphi_0]\mathrm{d}S \end{cases}$$

(2.107)

显然,公式左方为待求的观察点处的散射场,右方为表面上的总场。由于总场是入射场和散射场之叠加,故公式右方包括了待求的散射场,上式不是一个简单的积分运算,而是求解一个积分方程的问题。但在某些假设条件下,此矢量形式的积分方程可简化为一个定积分运算,这些假设条件就是物理光学所要求的前提条件,它们是:

(1)物体表面的曲率半径远大于激励波波长。

(2)物体表面上只有被入射波直接照射区域存在感应电流,非照射区域感应电流为零。

(3)物体受照射表面上的感应电流的特性与入射点表面相切的无穷大平面上的感应电流特性相同。

鉴于上述假设,物体表面将分为照明区 S_1 和阴影区 S_2,它们的阴影边界为过渡区,如图 2.5 所示。

阴影边界 Γ 表征了一种不连续,因此,应用格林定理推导积分方程要求的连续条件不能满足。这种不连续性可利用附加一个沿 Γ 的线积分予以克服,即

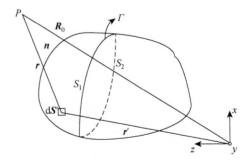

图 2.5 阴影区和照明区的划分

$$\begin{cases} \boldsymbol{E}_S = \dfrac{1}{4\pi}\int_{S_1}[(\boldsymbol{n}\times\boldsymbol{E})\times\nabla\varphi_0 + \mathrm{j}\omega\mu(\boldsymbol{n}\times\boldsymbol{H})\varphi_0 + (\boldsymbol{n}\cdot\boldsymbol{E})\nabla\varphi_0]\mathrm{d}S' + \dfrac{1}{4\pi\mathrm{j}\omega\varepsilon_0}\oint_{\varGamma}(\nabla\varphi_0)\boldsymbol{H}\cdot\mathrm{d}\boldsymbol{l} \\ \boldsymbol{H}_S = \dfrac{1}{4\pi}\int_{S_1}[(\boldsymbol{n}\times\boldsymbol{H})\times\nabla\varphi_0 - \mathrm{j}\omega\mu(\boldsymbol{n}\times\boldsymbol{E})\varphi_0 + (\boldsymbol{n}\cdot\boldsymbol{H})\nabla\varphi_0]\mathrm{d}S' - \dfrac{1}{4\pi\mathrm{j}\omega\mu_0}\oint_{\varGamma}(\nabla\varphi_0)\boldsymbol{E}\cdot\mathrm{d}\boldsymbol{l} \end{cases}$$
(2.108)

式中：$\boldsymbol{E}$ 和 $\boldsymbol{H}$ 表示表面 S_1 上的总场；$\boldsymbol{n}$ 为 S_1 面的单位法矢；r 表示从 S 面上面元 $\mathrm{d}S$ 到观察点 P 的矢径；$\varGamma$ 是所有 $\boldsymbol{n}\cdot\boldsymbol{k}_0^i = 0$ 的点的轨迹。

在电磁散射求解领域，场源一般处于远区，而远区场一般满足如下条件

$$r > 2\dfrac{D^2}{\lambda} \tag{2.109}$$

式中：D 为目标导体表面第一菲涅耳（Fresnel）区的最大尺寸；λ 为激励波波长。

因此，在远场情况下，式（2.109）中的 r 能够近似为 R_0，且 $\nabla'\varphi_0$ 近似为 $-r\mathrm{j}\cdot\boldsymbol{k}_0\psi$，使式（2.108）进一步简化为

$$\begin{cases} \boldsymbol{E}_S = \dfrac{\mathrm{j}\omega\mu_0 \mathrm{e}^{-\mathrm{j}k_0 R_0}}{4\pi k R_0}\int_{S_1}\left[(\boldsymbol{n}\times\boldsymbol{H}) - \boldsymbol{k}_0^S\cdot(\boldsymbol{n}\times\boldsymbol{H})\boldsymbol{k}_0^S - \sqrt{\dfrac{\varepsilon_0}{\mu_0}}(\boldsymbol{n}\times\boldsymbol{E})\times\boldsymbol{k}_0^S\right]\mathrm{e}^{-\mathrm{j}k_0\cdot\boldsymbol{k}_0^S\cdot\boldsymbol{r}'}\mathrm{d}S' \\ \boldsymbol{H}_S = \dfrac{\mathrm{j}\omega\varepsilon_0 \mathrm{e}^{-\mathrm{j}k_0 R_0}}{4\pi k R_0}\int_{S_1}\left[(\boldsymbol{n}\times\boldsymbol{E}) - \boldsymbol{k}_0^S\cdot(\boldsymbol{n}\times\boldsymbol{E})\boldsymbol{k}_0^S + \sqrt{\dfrac{\mu_0}{\varepsilon_0}}(\boldsymbol{n}\times\boldsymbol{H})\times\boldsymbol{k}_0^S\right]\mathrm{e}^{-\mathrm{j}k_0\cdot\boldsymbol{k}_0^S\cdot\boldsymbol{r}'}\mathrm{d}S' \end{cases}$$
(2.110)

式（2.110）即为当目标处于远区场时，散射场的求解积分。

2. 切平面近似

为使式（2.110）积分方程变换为定积分，必须对目标的表面电流予以近似处理。物理光学的假设中，散射体表面的曲率半径远大于波长，因此，人们可将此曲面表面以无穷大且平面近似之。于是入射场与反射长关系可以以无穷大界面处理方法求解。

当一平面电磁波入射到一理想纯导体表面时，其反射波也是平面波，且它的方向遵循斯涅耳（Snell）定律，表面处它们的关系为

$$\boldsymbol{n}\times\boldsymbol{E}^{\mathrm{T}} = 0 \tag{2.111}$$

$$\boldsymbol{n}\times\boldsymbol{H}^{\mathrm{T}} = 2\boldsymbol{n}\times\boldsymbol{H}_{\mathrm{i}} \tag{2.112}$$

采用上述边界条件，式（2.110）可简化为

$$\begin{cases} \boldsymbol{E}_S = \dfrac{\mathrm{j}\omega\mu_0 \mathrm{e}^{\mathrm{j}k_0 R_0}}{4\pi k R_0}\int_{S_1}[(\boldsymbol{n}\times\boldsymbol{H}_{\mathrm{i}}) - \boldsymbol{k}_0^S\cdot(\boldsymbol{n}\times\boldsymbol{H}_{\mathrm{i}})\boldsymbol{k}_0^S]\mathrm{e}^{-\mathrm{j}k_0\cdot\boldsymbol{k}_0^S\cdot\boldsymbol{r}'}\mathrm{d}S' \\ \boldsymbol{H}_S = \dfrac{-\mathrm{j}k_0 \mathrm{e}^{\mathrm{j}k_0 R_0}}{4\pi k R_0}\int_{S_1}(\boldsymbol{n}\times\boldsymbol{H}_{\mathrm{i}})\times\boldsymbol{k}_0^S \mathrm{e}^{-\mathrm{j}k_0\cdot\boldsymbol{k}_0^S\cdot\boldsymbol{r}'}\mathrm{d}S' \end{cases}$$
(2.113)

从式中可以看出，左方是待求的散射场，而右边为已知的入射场，该式转化为定积分。

2.3.3 数值分析中的高效算法

用矩量法求解输电线路无源干扰问题时，由于 NEC 程序要求按照 0.1λ 划分输电线路模型网格，因此，当频率增大时，网格数目也将急剧增大，最终造成计算机由于计算能力的限制而无法计算。以一个边长为 3 m 的正方形到体面在频率为 0.1 GHz、1 GHz 和 10 GHz 时所估计的计算量为例。估算时假定计算机计完成 10^8 次运算所需的 CPU 时间为 1 s，剖分单元的边长为 0.1λ，表 2.1 列出了估算结果。从中可以看出，未知数的增加导致的计算量的增加是相当高的。

表 2.1 两种矩阵方程解法所用 CPU 时间及存储量与频率的关系[8]

频率/GHz	未知数个数 N	CPU 时间		存储量
		消元法	迭代法	
0.1	350	0.42 s	0.06 s	1 MB
1	35 000	120 h	600 s	100 MB
10	3.5×10^6	500 d	16.7 h	10 GB

对于特高压输电线路这种电大尺寸目标的电磁散射计算问题，其未知数数量极大，若不采用优化算法，即使超大规模的计算机也很难进行求解。当前，以矢量加法定理为数学基础的多层快速多极子是求解复杂电磁场计算的主要优化算法。

多层快速多极子方法是快速多极子方法在多层级结构中的推广。快速多极子方法的基本原理是：将散射体表面上离散得到的子散射体分组，任意两个子散射体间的互偶根据它们所在组的位置关系而采用不同的方法计算。当它们是相邻组时，采用直接数值计算；而当它们为非相邻组时，则采用聚合—转移—配置方法计算。对于一个给定的场点组，首先将它的各个非相邻组的组中心"转移"至给定场点组的组中心表达；最后将得到的所有非相邻组的贡献由该组的中心"配置"到该组内各子散射体。其数值计算方法如下：

由矢量加法定理，标量格林函数可展开为[9]

$$\frac{\mathrm{e}^{\mathrm{i}k|r+d|}}{r+d}=\mathrm{i}k\sum_{i=0}^{\infty}(-1)^i(2l+1)j_i(kd)h_i^{(1)}(kr)P_i(\boldsymbol{d}\cdot\boldsymbol{r})\quad(d<r) \quad(2.114)$$

式中：$j_i(kd)$ 为球贝塞尔函数；$h_i^{(1)}(kr)$ 为第一类球汉克尔函数；$P_i(\boldsymbol{d}\cdot\boldsymbol{r})$ 为勒让德函数。

因有

$$4\pi \mathrm{i}^i j_i(kd)P_i(\boldsymbol{d}\cdot\boldsymbol{r})=\int \mathrm{d}^2k\mathrm{e}^{\mathrm{i}k\cdot d}P_i(\boldsymbol{k}\cdot\boldsymbol{r}) \quad(2.115)$$

故得到

$$\frac{\mathrm{e}^{\mathrm{i}k|r+d|}}{|r+d|}=\frac{\mathrm{i}k}{4\pi}\int \mathrm{d}^2k\mathrm{e}^{\mathrm{i}k\cdot d}\sum_{i=0}^{\infty}\mathrm{i}^I(2l+1)h_i^{(i)}(kr)P_i(\boldsymbol{k}\cdot\boldsymbol{r})\approx\frac{\mathrm{i}k}{4\pi}\int \mathrm{d}^2k\mathrm{e}^{\mathrm{i}k\cdot d}T_L(\boldsymbol{k}\cdot\boldsymbol{r}) \quad(2.116)$$

其中

$$\int d^2 \hat{k} = \int_0^{2\pi} \int_0^{\pi} \sin\theta d\theta d\phi \tag{2.117}$$

$$T_L(\boldsymbol{k} \cdot \boldsymbol{r}) = \sum_{l=0}^{L} i^l (2l+1) h_l^{(1)}(kr) P_l(\boldsymbol{k} \cdot \boldsymbol{r}) \tag{2.118}$$

式中：L 为无穷求和的截断项数，又称为多极子模式数。

对于场点 r_j 与源点 r_i，有

$$r_{ji} = r_j - r_i = r_j - r_m + r_m - r_{m'} + r_{m'} - r_i = r_{jm} + r_{mm'} - r_{im'} \tag{2.119}$$

因为在远区组间，满足 $|r_{mm'}| > |r_{jm} - r_{im'}|$，所以有

$$\frac{e^{jkr_{ji}}}{r_{ji}} = \frac{ik}{4\pi} \int d^2 \boldsymbol{k} e^{i\boldsymbol{k}\cdot(r_{jm}-r_{im'})} \alpha_{mm'}(\boldsymbol{k} \cdot r_{mm'}) \tag{2.120}$$

$$\alpha_{mm'}(r_{mm'} \cdot \boldsymbol{k}) = \sum_{l=0}^{L} i^l (2l+1) h_l^{(1)}(kr_{mm'}) P_l(r_{mm'} \cdot \boldsymbol{k}) \tag{2.121}$$

对于并矢格林函数

$$G(r_j, r_i) = \left(I - \frac{1}{k^2} \nabla \nabla'\right) \frac{e^{ik|r_j - r_i|}}{|r_j - r_i|} \tag{2.122}$$

最终得到其在角谱空间表达为

$$G(r_j, r_i) = \frac{ik}{4\pi} \int d^2 \boldsymbol{k} (I - \boldsymbol{kk}) e^{i\boldsymbol{k}\cdot(r_{jm}-r_{im'})} \alpha_{mm'}(r_{mm'} \cdot \boldsymbol{k}) \tag{2.123}$$

式中：$\alpha_{mm'}$ 为转移因子，代表远区组间组中心的转换作用。$\int d^2 \boldsymbol{k}$ 是谱空间单位球面上的二重积分，可用高斯-勒让德法与梯形法则计算，积分点数为 $K_L = 2L^2$，多极子模式数 $L \approx kD$，D 为子散射体组的最大尺寸。

将矢格林函数表达式代入积分方程（2.123），得到矩阵矢量相乘的 FMM 表达

$$\sum_{i=1}^{N} A_{ji} a_i = \sum_{m' \in \text{NG}} \sum_{i \in G_{m'}} A_{ji} a_i + \frac{ik}{4\pi} \int d^2 \boldsymbol{k} V_{fmj}(\boldsymbol{k}) \times \sum_{m' \in \text{FG}} \alpha_{mm'}(\boldsymbol{k} \cdot r_{mm'}) \sum_{i \in G_{m'}} V^*_{sm'i}(\boldsymbol{k}) a_i \quad (j \in G_m) \tag{2.124}$$

式中：α_i 为第 i 个源子散射体的电流幅度；NG 代表来自附近组（near group）的贡献；FG 代表来自远组（far group）即非附近组的贡献；$V_{sm'i}(\boldsymbol{k})$、$V_{fm'i}(\boldsymbol{k}) \alpha'_{mm}$ 分别为聚合因子、转移配置因子；*表示共扼运算。具体表达如下：

$$V_{sm'i}(\boldsymbol{k}) = \int_S dS' e^{i\boldsymbol{k} \cdot r_{jm'}} (I - \boldsymbol{kk}) \cdot J_i(r_{jm'}) \tag{2.125}$$

$$V_{fm'i}(\boldsymbol{k}) = \int_S dS' e^{i\boldsymbol{k} \cdot r_{jm'}} (I - \boldsymbol{kk}) \cdot t_j(r_{jm}) \tag{2.126}$$

快速多极子中，假设有 N 个未知数，分成 M 组，每组的未知数大致为 N/M，聚集和发散的步骤的操作为 $O(N^2/M)$，转移部需要的复杂的为 $O(N \times M)$，总的复杂度为 $O(N^2/M + N \times M)$，不难看出当 $M = N^{0.5}$ 时所需的操作最少，为 $O(N^{1.5})$。

快速多级子技术中的组不能太大，因为那样转移过程虽然能有效地计算，但是聚合和发散的过程都不能有效地进行。组也不能太小，因为那样聚合和发散的过程虽然能有

效地进行,然而转移的过程又不能有效地计算,所以通过选择恰当组的大小来获得快速多级子的效率最佳。多层快速多极子技术就是通过选择组的恰当大小来获得快速多极子技术的最佳效率。其基本思路就是将未知数分成不同层次的组,低层组大,高层组小,让聚集和发散过程先在最高层进行,后通过移置、插值完成底层中的聚集和发散,而转移过程只在每层的部分组之间进行。

对于 N 体互耦,多层快速多极子方法采用多层分区计算,基于树形结构,其特点是逐层聚合、逐层转移,逐层配置、嵌套递推[10]。对于三维情况,用一立方体包围目标,第一层得到 8 个子立方体。随着层数增加,每个子立方体再细分为 8 个更小的子立方体,直到最细层满足要求为止。

对于给定场子散射体 j,所有源散射体 i 对它的贡献用快速多极子方法表达为式(2.123)。采用多层快速多极子方法求解该式的具体步骤如下。

1)最高层的多极展开

计算公式同于快速多极子方法中的聚合量的计算,即

$$S_{m'}(\boldsymbol{k}) = \sum_i V^*_{sm'i}(\boldsymbol{k})a_i \tag{2.127}$$

$$V_{sm'i}(\boldsymbol{k}) = \int_S \mathrm{d}S' \mathrm{e}^{\mathrm{i}\boldsymbol{k}\cdot\boldsymbol{r}_{im'}}[I-\boldsymbol{kk}]\cdot J_i(r_{im'}) \tag{2.128}$$

式中:m' 为最高层中子散射体 i 所在组的组中心;$S_{m'}(\boldsymbol{k})$、$V_{sm'i}(\boldsymbol{k})$ 分别为最高层 m' 组的聚合量、聚合因子。

2)多极聚合

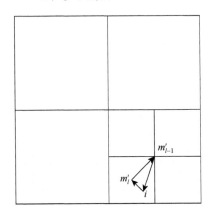

图 2.6 多极聚合过程示意图

将源子散射体在子层子组中心的聚合量平移到父层父组中心表达,如图 2.6 所示。在波动问题中,由于多极子模式数只取决于源区尺寸($L \sim kd$,d 为所在层的正方体边长),因此从子层到父层,多极子模式数以两倍递增[11]。所以,越低的层级,需要的 $\hat{k}$ 值越多。例如,在 l 层,$V_{sm'_l i}$ 只有 K_l 个值($K_l = 2L^2$),但在 $l-1$ 层级,则需要 $V_{sm'_{l-1}i}$ 的 K_{l-1} 个值($K_{l-1} = 4K_l$)。由于角谱空间在 θ 方向的积分采用高斯-勒让德积分方法计算,而高斯节点分布不均匀,因此在子层的角谱分量不能直接应用到父层。这时就需要对子层的 K_l 个 $V_{sm'_{l-1}i}$ 插值以获得 K_{l-1} 个值 $V_{sm'_{l-1}i}$。对照式(2.128),利用插值矩阵 $W_{n'n}$,可得

$$V_{sm'_{l-1}i}(\boldsymbol{k}_{(l-1)n'}) = \mathrm{e}^{\mathrm{i}\boldsymbol{k}_{(l-1)n'}\cdot\boldsymbol{r}_{m'_l m'_{l-1}}} \sum_{n=1}^{K_l} W_{n'n} V_{sm'_l i}(\boldsymbol{k}_{ln}) \tag{2.129}$$

式中:m'_l、m'_{l-1} 分别表示第 l 层、第 $l-1$ 层中源子散射体 i 所在组的组中心;$r_{m'_l}$、$r_{m'_{l-1}}$ 分别为 m'_l、m'_{l-1} 的矢径。

3）多极转移

多极聚合到第二层后，便不再向上聚合。此时开始多极转移，即将源区的外向波转移为场区的内向波，为下行过程做准备。在第二层，源区组中心 m' 的聚合量 $S_{m'}(\hat{k})$ 即为以 m' 为中心的外向波，以场区组中心 m 为中心的内向波 $B_{m2}(\hat{k})$ 如下计算

$$B_{m2}(\boldsymbol{k}) = \sum_{m' \in m\text{的远亲}} \alpha_{mm'}(\boldsymbol{k}) S_{m'2}(\hat{\boldsymbol{k}}) \tag{2.130}$$

$$\alpha_{mm'}(\boldsymbol{r}_{mm'} \cdot \boldsymbol{k}) = \sum_{l=0}^{L} i^l (2l+1) h_l^{(1)}(kr_{mm'}) P_l(\boldsymbol{r}_{mm'} \cdot \boldsymbol{k}) \tag{2.131}$$

式中：$\alpha_{mm'}(\boldsymbol{k})$ 为第 2 层上的转移因子。之所以选择第 2 层开始多极转移，是因为在第 2 层，远亲组即为非附近组，通过远亲组的转移计算可得到待求的所有非附近组的贡献。

以上步骤为多层快速多极子的上行过程，下面步骤是多层快速多极子方法的下行过程。

4）多极配置

将父层父组中心为中心的内向波转化为以子层子组中心为中心的内向波表达，是多极聚合的逆过程。与多极聚合中子层到父层采用内插计算类似，多极配置过程中，父层到子层采用伴随内插计算。公式如下

$$B_{m_l}^{(1)}(\boldsymbol{k}_{ln}) = \sum_{n'=1}^{K_{l-1}} W_{n'n} \mathrm{e}^{\mathrm{i}k_{(l-1)n'} \cdot r_{m_l m_l - 1}} B_{m_{l-1}}(\boldsymbol{k}_{(l-1)\,n'}) \frac{W_{n'}}{W_n} \tag{2.132}$$

5）多极转移

为了继续从父层到子层递推下去，就必须得到来自于子层子组的所有非附近组的贡献。在多极配置过程中，已经考虑了父层父组的所有非附近组的贡献，尚未考虑的是该子层子组的远亲组贡献。于是，在多极配置的基础上再叠加上子层子组的远亲贡献，就得到了子层子组的所有非附近组的贡献。计算式如下

$$B_{m_l}^{(2)}(\boldsymbol{k}_{ln}) = \sum_{m' \in m\text{的远亲}} \alpha_{mm'}(\boldsymbol{k}) S_{m'_l}(\boldsymbol{k}_{ln}) \tag{2.133}$$

$$B_{m_l}(\boldsymbol{k}_{ln}) = B_{m_l}^{(1)}(\boldsymbol{k}_{ln}) + B_{m_l}^{(2)}(\boldsymbol{k}_{ln}) \tag{2.134}$$

重复上述步骤，直到最高层为止。

6）部分场展开

对于最高层每个非空组 m，在其组中心进行部分场展开，得到 m 的所有非附近组对组内场点 j 的贡献，即

$$I_{mj} = \int \mathrm{d}^2 \boldsymbol{k} V_{fmj}(\boldsymbol{k}) \cdot B_m(\boldsymbol{k}) \tag{2.135}$$

式中：$V_{fmj}(\boldsymbol{k})$ 为最高层的配置因子；$B_m(\boldsymbol{k})$ 为最高层上以组 m 为中心的内向波，代表了组 m 所有非附近组对组 m 的贡献。

7）计算

直接计算附近组的贡献，与非附近组的贡献相叠加，便得到了所有源子散射体对子散射体的贡献。

参 考 文 献

[1] CHEN H C. Theory of Electromagnetic Waves [M]. New York: McGraw-Hill Book Company, 1983: 58, 219-262.
[2] JONSON CC. Field and Wave Electrodynamics [M]. New York: McGraw-Hll Book Company, 1965: 30-33.
[3] BEKEFI G. 电磁振荡 [M]. 王志待, 等译. 北京: 人民教育出版社, 1981.
[4] SKOLNIK M I. Introduction to Radar Systems[M]. 3d edition. New York: McGraw-Hill Book Company, 2001.
[5] 黄培康, 殷红成, 许小剑雷达目标特性[M]. 北京: 电子工业出版社, 2005.
[6] KNOTT E F, et al. Radar Cross Section[M]. 2d edition. Dedham, MA: Artech House, 1993.
[7] 黄培康, 等. 雷达目标特征信号[M]. 北京: 宇航出版社, 1993.
[8] TRUEMAN C W, KUBINA S J, BALTASSIS C. Ground loss effects in power line reradiation at standard broadcast frequencies[J]. IEEE Trans. on Broadcasting, 1988, 34(1): 24-38.
[9] SARKAR T K, ARVAS E, Rao S M. Application of FFT and the conjugate method for the solution of electromagnetic radiation from electrically large and small conducting bodies[J]. IEEE Trans. Antennas Propagat., 1986, AP-34: 635-640.
[10] LI S Q, YU Y, CHAN C, et al. A sparse-matrix/canonical grid method for analyzing densely packed interconnects[J]. IEEE Trans. Microw. Theory Tech., 2001, 49(7): 1221-1228.
[11] ZHAO K, VOUVAKIS M N, LEE J. The adaptive cross approximation algorithm for accelerated method of moments computations of EMC problems[J]. IEEE Trans. Electromag. Compat., 2005, 47(4): 763-773.

第3章

特高压输电线路无源干扰的数学求解

最早研究输电线路无源干扰的方法是建立一定比例的缩比模型，采用试验的方法获得线路无源干扰水平。但是缩比模型毕竟不能反映真实的架空输电线路，只能获得一些输电线路无源干扰的特性，而且仅采用试验的方法也无法获得输电线路准确的无源干扰数值。

随着计算机技术的发展，复杂构件的大规模电磁场计算成为可能，随之而来也就出现了各种电磁场数值计算方法及计算程序。IEEE 采用 NEC 软件及其公开代码，建立了输电铁塔线模型，对无源干扰问题进行仿真计算研究，并出版了输电线路对中波广播台无源干扰的分析、测量和计算用的导则。该导则明确说明输电线路无源干扰可通过数学模型进行计算求解，并详细给出了铁塔建模建议、无源干扰谐振发生的频率预测及解决谐振的方法。其相关研究采用矩量法求解输电线路线模型对应的 Pocklington 电场积分方程，研究所用的频率为 535～1705 kHz。

本章将从原理上追溯输电线路无源干扰的基本机理，建立输电线路无源干扰数学模型，并结合电磁场散射理论分析建立特高压输电线路无源干扰体、面和线三种电场积分方程，并探讨各种模型的适用频率范围，从而为一直采用输电线路无源干扰 Pocklington 电场积分方程的传统思维方式拓展思路。

3.1 无源干扰的产生机理

图 3.1 为特高压输电线路处于各类无线电台站发出的电磁波到接收台站之间的模型，即入射电磁波以不同的角度穿过输电线路到达无线电接收台（站）。特高压直流输电线路主要由导线、地线、绝缘子串、线路金具、铁塔、铁塔基础以及接地装置等部分组成，其暴露在地表面以上的金属部分主要是铁塔、导线和地线。从电磁学观点看，输电线路的铁塔、导线和地线可以看成无数带电粒子的集合，各无线电台站发出的入射电磁波与输电线路暴露在地面以上的金属部分中的带电粒子相互作用产生新的等效电荷、电流、磁荷、磁流，或者说产生了新的场源[1]。随着入射电磁场的交变影响，输电线路

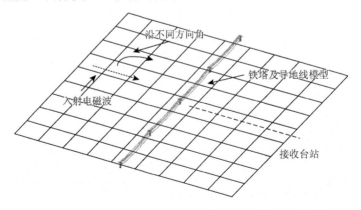

图 3.1 处于入射电磁波和无线电接收台站中的输电线路模型

各金属导体部分产生的感应电流也是交变的,并在线路附近的空间产生新的电磁场,即所谓的二次辐射场。二次辐射场强度的大小,取决于导体位置、激励场的强弱以及导体本身的物理属性等。处在电磁场中的线路铁塔、导线和地线,除受激产生二次辐射外,同时还对电磁波产生反射作用,形成反射电磁场。反射场的强度大小,与入射场的强弱、反射体的性质、反射体的大小和反射面的特性等有关。

处于无线电台站附近的输电线路金属部件属于二次辐射体和反射体,它自身不是辐射源("无源"),而因外部电磁场激励产生再辐射或反射电磁波。这些电磁波和原入射电磁波叠加,改变了原入射电磁波的幅值和相位,从而对无线电台站发射或接收的信号产生干扰,造成无线电测量误差。

在这种情况下,输电线路无源干扰电磁场所遵循的基本定律还是原来自由空间中的场定律,只是应该将输电线路铁塔、导线和地线在入射电磁波作用下形成的等效宏观电荷、电流等,也看成是处于原来自由空间中的电磁场源来处理。

根据无源干扰的定义,对发射天线或接收天线的无源干扰水平用分贝表示,即定义为

$$S = 20\lg\frac{E_{\text{有}}}{E_{\text{无}}} \tag{3.1}$$

式中:$E_{\text{有}}$ 表示考虑输电线路影响以后观测点的空间电场强度;$E_{\text{无}}$ 表示无输电线路时观测点的空间电场强度。

3.2 无源干扰的电磁散射积分方程

输电线路无源干扰可简化为如图 3.2 所示的数学模型。图 3.2 中有两个坐标系,一个是直角坐标系 (x, y, z),另一个是球坐标系 (r, θ, φ)。设输电线路的铁塔、导线和地线为理想导体 V,位于坐标轴 x 上,电磁波 E_i 以角度 (θ_i, φ_i) 入射到输电线路上,而输电线路上任一点 r' 处,即源点处的感应电流密度分布为 $J(r')$,向空间再辐射。设感应电流产生的散射电场为 E_S,无线电接收台站位于场点 r。

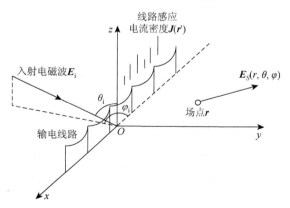

图 3.2 输电线路无源干扰的基本数学模型

对于均匀媒质空间，根据矢量波动方程，求解目标物体电磁散射问题的电场强度一般表达式为

$$E_S(r) = j\omega A(r) - \nabla \varphi(r) \tag{3.2}$$

式中：$A(r)$ 为磁矢位函数；$\varphi(r)$ 为电标位函数。

结合图 3.2，可得到图 3.2 中场点 r 处的 $A(r)$ 和 $\varphi(r)$ 分别为

$$\begin{cases} A(r) = \mu \int_V \mathrm{d}r' g(r,r') J(r') \\ \phi(r) = \dfrac{1}{\varepsilon} \int_V \mathrm{d}r' g(r,r') \rho(r') \end{cases} \tag{3.3}$$

式中：$g(r, r')$ 为格林函数，$g(r,r') = \dfrac{e^{jk|r-r'|}}{4\pi|r-r'|}$；$k$ 为波数，$k = \omega\sqrt{\mu\varepsilon}$；$\rho(r')$ 为感应电流 $J(r')$ 的电荷密度。

将式（3.3）代入式（3.2），有

$$\begin{aligned} E_S'(r) &= j\omega\mu \int_V g(r,r') J_V(r') \mathrm{d}V' - \nabla \dfrac{1}{\varepsilon} \int_{V'} g(r,r') \rho(r') \mathrm{d}V' \\ &= j\omega\mu \int_V G_e(r,r') \cdot J_V(r) \mathrm{d}V' \end{aligned} \tag{3.4}$$

式中：$G_e(r, r')$ 为电场并矢格林函数，$G_e(r,r') = \left(I + \dfrac{\nabla\nabla}{k^2}\right) g(r,r')$，$I$ 为单位算子。

从电磁场理论可知，作为良导体的钢和铝的电磁场主要集中在导体表面很薄的薄层内，即导体的趋肤效应。对于特高压输电线路来说，处于地面以上的特高压输电线路金属构件主要为铁塔、导线和地线，其中铁塔为多段角钢段与段之间螺栓连接而成的空间桁架结构。因此，在入射电磁波的作用下，只需分析铁塔、导线和地线等金属部分表面的电流分布，就可以得到输电线路的电磁场特性。

因此，可以将式（3.4）中的体积分变为面积分，根据电流连续性方程 $\nabla' \cdot J(r') = j\omega\rho(r')$，可得到新的电场积分方程

$$E_S(r) = j\omega\mu \int_{S'} g(r,r') J_{S'}(r') \mathrm{d}S' - \dfrac{1}{j\omega\varepsilon} \nabla \int_{S'} g(r,r') \nabla' \cdot J_{S'}(r') \mathrm{d}S' \tag{3.5}$$

设线路金属部分为理想导体，在其表面应用切向电场的边界条件，有

$$t \cdot (E_S(r) + E_i(r)) = 0 \tag{3.6}$$

式中：t 为单位切向矢量。

将式（3.6）代入式（3.5），得到输电线路表面电流的 EFIE 为

$$j\omega\mu t \cdot \int_{S'} g(r,r') J_{S'}(r') \mathrm{d}S' - \dfrac{1}{j\omega\varepsilon} t \cdot \nabla \int_{S'} g(r,r') \nabla' \cdot J_{S'}(r') \mathrm{d}S' = -t \cdot E_i(r) \tag{3.7}$$

为简化计算，考虑到线路上的导线、地线的横向尺寸远小于轴向尺寸，可看成细线导线结构，而线路铁塔上的钢制主材和辅材的横向尺寸也比轴向尺寸要小，也可近似将铁塔上的各角钢看成细线结构。

细导线的表面积分为

$$\int_{S'} \mathrm{d}S' = \int_{l'} \mathrm{d}l' \int_{C'} \mathrm{d}C' \tag{3.8}$$

式中：$\int_{l'} dl'$ 为线模型的轴向积分；$\int_{C'} dC'$ 为线模型横截面上的曲线积分。

由于细导线上的感应电流 $J(r')$ 只是轴向变量的函数，即 $J(r') = J(l')$，因此，将式（3.7）中的面积分变为线积分，可得到

$$-l \cdot E_i(r) = j\omega\mu l \cdot \int_{l'} l' g(r, r'(l')) I(l') dl' - \frac{1}{j\omega\varepsilon} \frac{d}{dl} \int_{l'} g(r, r'(l')) \frac{dI(l')}{dl'} dl' \quad (3.9)$$

式中：l 为沿着细导线轴线方向上的单位矢量；$I(l')$ 为沿着细导线轴线方向上的线电流密度，$I(l') = 2\pi a J(l')$；a 为细导线半径。

当定义模型中的细导线为直线时，式（3.9）可转化为 Pocklington 积分方程。

式（3.4）、式（3.7）和式（3.9）分别是对输电线路进行体积分、面积分和线积分的三种电场积分方程，其中计算最简单的是线积分方程，最复杂的是体积分方程。由导体的趋肤效应可知，输电线路在外加入射场下的感应电流主要集中在金属构件表面，金属体内部的电流可以忽略，因此，输电线路无源干扰的计算可考虑采用面积分和线积分两种电场积分方程，而不需要采用体积分方程求解。在以往的输电线路无源干扰的研究中，均采取的是直线模型的细导线目标电场积分方程，即 Pocklington 积分方程。

3.3　无源干扰的数学模型

3.3.1　无源干扰求解的线模型

1. 线模型的等效原理

以往精确计算输电线路无源干扰影响的难点在于杆塔和分裂导线模型非常复杂，而且两者的尺寸差别很大，杆塔尺寸最大可达上百米，子导线直径为厘米级，而在矩量法计算中目标导体的特征尺度与波长之比是一个很重要的参数，决定了具体应用矩量法的途径。如果目标特征尺度可以与波长比较，那么可以采用一般的矩量法；如果目标很大而特征尺度又包括了一个很大的范围，那么就需要选择一个合适的离散方式和离散基函数。

单从改进算法克服输电线路建模复杂的矛盾较为复杂，受计算机内存和计算速度影响，有些二维和三维问题用矩量法求解是非常困难的，因为计算的存储量通常与 N^2 或者 N^2 成正比（N 为离散点数），而且离散后出现病态矩阵也是一个难以解决的问题。因此改从简化输电线路中杆塔与分裂导线的计算模型入手，将两者的模型尽量简化为简单金属导体并且电尺寸相近。

建立方程（3.4）的过程中，采用了一个近似，即忽略了杆塔本身所用的长条形角钢的宽度，用细线模型代替；忽略了多分裂导线的半径，也采用细线天线模型代替。这种近似处理可以极大地减少计算工作量，但这种近似处理在什么频率范围内可以适用，并且这种近似会带来多大的工程误差是建模成功与否的关键。

以下以中心馈电圆柱天线为研究对象，讨论天线导体粗细对天线电流分布的影响，计算步骤如下：

（1）用电流和趋肤效应的电阻 R_S 表示导体内的电场 E，用矢量位表示导体外的电场 E。

（2）据内外 E 的切向分量相等，得出矢量位 A 的波动方程

$$\frac{\partial^2 A_z}{\partial z^2} + k_2 A_z = \frac{jk^2}{C} R_S I_z \tag{3.10}$$

（3）该波动方程的解 A 可写成一项谐函数与一项特解积分之和

$$A_z = -\frac{j}{C}(C_1 \cos\beta z + C_2 \sin\beta z) + \frac{j}{C}\int_0^z I_S \sin\beta(z-S)\mathrm{d}S \tag{3.11}$$

（4）借助输入馈端的条件求出上式中的常数值

$$C_2 = \frac{V_T}{2} \tag{3.12}$$

（5）另将矢量位 A 表示成天线电流 I_z 的辐射积分。

（6）将从第（4）步得到的 C_2 和第（5）步所表示的 A 代入第（3）步的解式，得到电流的积分方程，即海伦（Hallen）方程。

（7）通过对其中一项积分的运算得出电流 I_z 的部分解，该电流表示若干项之和，而其中有几项仍含有未知的 I_z。

（8）略去上述含 I_z 的项，得出 I_z 的零阶近似解式。

（9）将此 I_z 式代入电流的积分方程，可获得电流含待定常数 C_1 的一阶近似解式。继续此迭代过程，亦可得到二阶和高阶近似解。

（10）利用天线末端电流为零的物理条件得出 C_1，再代回 I_z 式，即可写出天线电流的渐进表示式

$$I_z = \frac{jV_T}{60\Omega'}\left[\frac{\sin\beta(l-|y|) + (b_1/\Omega') + (b_2/\Omega'^2) + \cdots + (b_n/\Omega'^2)}{\cos\beta l + (d_1/\Omega') + (d_2/\Omega'^2) + \cdots + (d_n/\Omega'^2)}\right] \tag{3.13}$$

式中：$\Omega' = 2\ln(2l/a)$；l 是天线的半长度；a 是天线的半径。一阶近似所含的只涉及分子与分母的第二项 b_1/Ω' 和 d_1/Ω'；二阶近似所含涉及第三项 b_2/Ω'^2 和 d_2/Ω'^2 等。

比较天线电流的零阶近似公式和高阶近似公式，可以认为当 $\Omega' \to \infty$ 时，$1/\Omega' \to 0$，因此零阶近似公式和高阶近似公式有着相同的表示方式。这里假设了 $l \gg a$ 和 $\beta a \gg 1$。条件 $l \gg a$ 等于圆柱天线的总长度与直径之比，即

$$\frac{总长度}{直径} = \frac{l}{a} \tag{3.14}$$

以上讨论所涉及的是圆截面（半径 a）的均匀柱形天线，按海伦方法，也适用于改用等效半径的非圆截面均匀柱形天线。对于边长为 g 的方截面，其等效半径为

$$a = 0.59g \tag{3.15}$$

如图 3.3 所示，对于宽度为 w 的薄片条带，其等效半径为

$$a = 0.25w \tag{3.16}$$

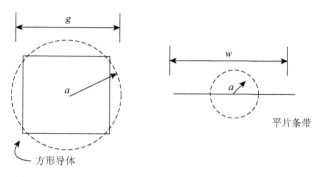

图 3.3 方形和平片截面的导体等效成半径为 a 的圆导体

下面给出中心馈电的全波长柱形天线（$2l=\lambda$）和中心馈电的 $5\lambda/4$ 波长柱形天线说明长柱形天线上电流幅度、相位分布与圆柱天线的长度直径之比二者之间的关系。

由图 3.4 可以看出，随着总长度与直径之比的逐渐增大，整个全波长柱形天线上的电流分布趋势不变。当天线的总长度与直径之比（l/a）趋于无穷时（天线无线细），中心馈电处的电流无线趋近于零；随着天线的加粗，电流分布的最小值增大，且稍微向天线末端位移。

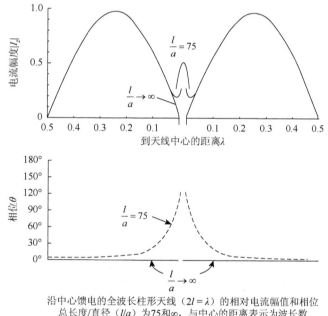

沿中心馈电的全波长柱形天线（$2l=\lambda$）的相对电流幅值和相位
总长度/直径（l/a）为75和∞，与中心的距离表示为波长数

图 3.4 中心馈电的全波长柱形天线相对电流幅值和相位分布

对于 $5\lambda/4$ 波长天线，图 3.5 很好地说明了天线长度/直径对电流相位分布的影响。当天线无限细时，其相位变化呈阶梯函数状，在距离天线末端 $\lambda/2$ 处发生 180°的跃变（图 3.5 的实线），如同在纯驻波时所观察到的相位变化；随着天线的加粗，在距离天线末端 $\lambda/2$ 处的相移变得不再陡峭 $\left(\dfrac{l}{a}=75\text{的虚线}\right)$，继续加粗天线 $\left(\dfrac{l}{a}<75\right)$，按此趋于平

缓；对于非常粗的天线，电流相位趋于行波分布，如图3.5中的虚直线所示。

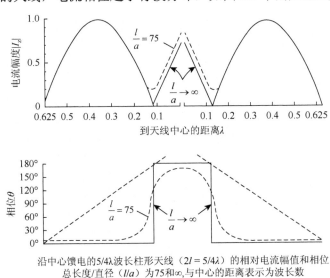

沿中心馈电的5/4λ波长柱形天线（2l = 5/4λ）的相对电流幅值和相位
总长度/直径（l/a）为75和∞，与中心的距离表示为波长数

图 3.5　中心馈电的 5λ/4 波长柱形天线相对电流幅值和相位分布

考虑到特高压输电线路一个档距大概在 500 m 左右，而对线路直径采用等效半径法近似为 1 m 左右，杆塔本身的平片角钢部分可以用式（3.16）等效成圆柱体，等效半径在 0.05 m 左右。按照圆柱体直径小于 λ/100 和天线的总长度与直径之比（1/a≥100）的原则来剖分，因此整个杆塔模型对于 30 MHz（λ = 10 m）以内模型都是普遍适用的，而架空线的等效半径模型，对于 3 MHz（λ = 100 m）以内模型都是适用，而对于 3 MHz 以上的频率就必须对每根子导线进行建模，对于高频段（30 MHz）以上本模型不再适用。

2. 线模型的偏差分析

当细长圆柱导体表面为光滑曲面时[1]，采用矩量法，选择脉冲基函数与 Dirac δ（狄拉克 δ）检验函数可以较为精确地计算电磁波入射时简单导体圆柱的电磁散射问题。然而，对于输电线路这种复杂的目标物体来说，当频率增加到一定程度时，过于简化的线模型则面临着计算偏差越来越大的问题。

通过缩比模型试验得到了特高压同塔双回交流铁塔模型计算值与实测值比较[2]，见表 3.1。从表 3.1 可以看出，采用脉冲基函数与 Dirac δ 检验函数的线模型算出的结果在 16.7 MHz 以下可以较好地与试验结果相吻合，但超过 16.7 MHz 后误差较大。考虑到在 16.7 MHz 频率点处，70 m 处的测量值和计算值误差已超过 0.1 dB，根据国家标准 GB 7495—1987《架空电力线路与调幅广播收音台的防护间距》[3]规定，对一级收音台的干扰不超过 0.4 dB。因此，若采用 0.1 dB 作为允许偏差，输电线路无源干扰线模型超过 16.7 MHz 频率后不再适用。

表 3.1 实测值与仿真计算值　　　　　　　　（单位：dBV/m）

试验模型与发射天线距离/m	项目	频率/MHz				
		11.7	13.3	16.7	20.0	26.7
50	测量值	−0.40	−0.60	−0.30	−0.90	−0.70
	计算值	−0.34	−0.57	−0.42	−0.75	−0.60
	偏差	0.06	0.03	0.12	0.15	0.10
70	测量值	−0.30	−0.60	−0.20	−0.30	−0.90
	计算值	−0.32	−0.54	−0.28	−0.76	−0.43
	偏差	0.02	0.06	0.08	0.46	0.47

研究分析线模型随频率增大而偏差增大的原因有以下几点：

(1) 从线模型的等效前提看，Hallen 方法仅研究了截面为正方形和条形的导体等效成线模型的问题，并未研究类似于铁塔角钢横截面为"⌐"形的导体等效半径问题。因此，铁塔角钢等效成线模型时，线模型的半径取值多少还需要斟酌。当前国内研究特高压交流输电线路无源干扰问题时[4]，将角钢等效成半径为 0.05 m 的线模型。

(2) 从线模型电场积分方程式 (3.13) 的推导过程看，采用线模型的前提是认为输电线路各导体的感应电流都完全集中在导线轴线上，且只沿轴向方向分布，这和实际情况有一定差异。

(3) 从线模型无源干扰水平的计算过程看，采用脉冲基函数对感应电流进行离散也会引起计算偏差。采用脉冲基函数其实人为地定义了线模型各线单元上的电流是不连续的，即认为线单元中心的电流为常数，而分段的边界处电流为 0，从而破坏了感应整体电流分布的连续性；同时，还破坏了实际感应电流函数的微分特性，用脉冲基函数展开的近似函数是零阶可导，并且在子域边界为无穷大。因此，为精确表达连续光滑的函数，必须将子域划分得非常细，即必须将输电线路铁塔、导线和地线线模型划分得非常细。然而，对于以百米为单位的输电线路线模型来说，过细的线单元划分将造成线单元数量过大，未知函数感应电流的数目过多，计算机无法完成按矩量法展开后的矩阵运算。

(4) 从天线原理的角度看，过粗的等效圆柱天线上的电流与理想无限细天线上的电流不同。根据 NEC 软件的计算建议，线模型划分大量的线单元后，线单元的长度一般不超过 0.1λ。随着激励频率的升高，线模型划分单元后的线单元长度缩短，从而造成线单元长径比 (l/a) 过小的线单元数量增多。根据第 3 章 3.2.1 的分析，这种过粗的线单元已不是理想天线导体，感应电流呈驻波出现，不符合实际感应电流形式。显然，频率越高，过粗的线单元数目也越多，造成计算结果的偏差越来越大。

3. 铁塔线模型的无源干扰

在研究输电线路无源干扰时[5]，若考虑到计算机计算能力的问题，则在铁塔建模时可略去铁塔辅材，仅对铁塔主材建模。为研究铁塔结构上大量辅材对输电线路无源干扰的影响，分别建立了包含铁塔辅材和不包含辅材的特高压直流铁塔线模型，两种类型铁塔模型如图 3.6 所示。

图 3.6　单基铁塔线模型三维图

对图 3.6 所示的两种铁塔模型采用前述矩量法进行仿真计算，计算时将线模型按照 0.1λ 进行分段。铁塔对频率为 0.5 MHz 的入射电磁波无源干扰绝对值如图 3.7 所示。从图 3.7 可以看出，无论是否考虑铁塔辅材，铁塔对入射电磁波的无源干扰的方向趋势始终相同。无源干扰沿数学模型 x 轴对称，即沿线路垂直方向对称，但由于铁塔本身形状并不规则，造成了无源干扰出现多个峰值的情况。

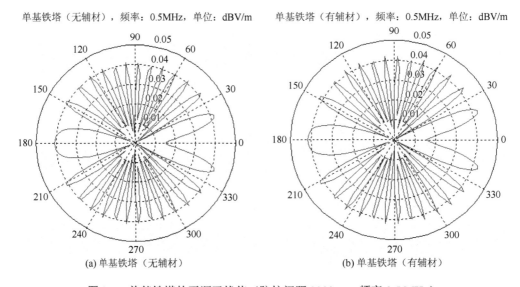

(a) 单基铁塔（无辅材）　　　　(b) 单基铁塔（有辅材）

图 3.7　单基铁塔的无源干扰值（防护间距 2000 m，频率 0.5 MHz）

考虑辅材后的输电铁塔无源干扰数值比不考虑辅材的铁塔要稍大，两者最大值相差约为 0.001 dBV/m。这从电场叠加原理可以解释，在建立铁塔模型时，将铁塔各部分认为是理想导电圆柱体，因此，圆柱体外也即铁塔外观测点的总电场为入射场与铁塔各金属构件散射场的叠加。显然，由于角钢辅材对入射电磁波造成的散射场强的叠加影响，完整建模的单基铁塔无源干扰要大于仅对主材建模的铁塔。

利用同样的方法，计算其他频率的入射电磁波激励下的有（无）铁塔辅材的单基铁塔无源干扰，将有（无）铁塔辅材的数据绘于同一极坐标图中，如图3.8所示。从图3.8中可以看出，随着入射波频率的变化，单基铁塔无源干扰的特征也有很大变化，但无论入射波频率如何，计算单基铁塔无源干扰时，铁塔辅材的有无基本上不影响铁塔的干扰特性，只影响铁塔无源干扰的数值大小，而且随着入射电磁波频率的增大，铁塔辅材的影响也逐步增大。在16.7 MHz时，有无铁塔辅材的线模型无源干扰差值已达0.08 dB。若没有考虑铁塔辅材的影响，计算出的数值应该比实际干扰数值要小[4]。

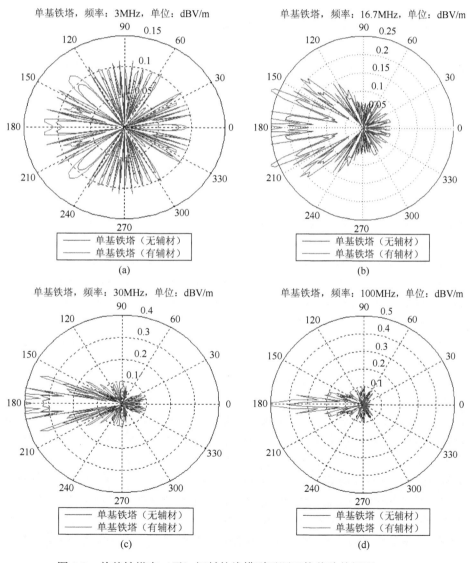

图 3.8　单基铁塔有（无）辐射的线模型无源干扰值防护间距 2000 m

3.3.2 无源干扰求解的面模型

在求解舰船等有着大平面物体电磁散射问题时,会经常采用面模型[6]。可见,采用面模型求解复杂构件电磁问题已有一定的研究基础。

由电磁场理论可知,作为良导体的钢的电磁场主要集中在导体表面很薄的薄层内,即导体的趋肤效应。良导体趋肤深度 δ 的计算公式为[7]

$$\delta = \frac{1}{\sqrt{\pi f \mu \sigma}} \quad (3.17)$$

式中:f 为电磁波频率,Hz;μ 为磁导率,$\mu=1000\times\mu_0=4000\pi\times10^{-7}$ H/m;σ 为电导率,角钢电导率 $\sigma = 1.92\times10^7$ S/m。

若取频率 1MHz 为研究对象,计算得到电磁波在角钢导体内传播的趋肤深度为 0.115mm,相对于 2.4cm 的角钢厚度来说,可认为中短波及以上频率的铁塔无源干扰问题均可采用三维面模型。因此,在入射电磁波的作用下,只需分析出铁塔、导线和地线等金属部分表面的电流分布,就可得到输电线路的电磁场特性,也即求解面积分方程式(3.11)。

1. 面模型电场积分方程的求解

采用矩量法求解面积分方程时,根据矩量法的基本原理,需要将铁塔角钢表面划分为许多小的子区域。此时,若采用脉冲基函数,会造成表面各子区域的边界处电流产生跃变,破坏感应电流的连续性和微分特性。因此,选择采用三角面元的 RWG 基函数。如图 3.9 所示的三角平面单元对中,在与第 n 条边(内边)相对的一对三角单元 T_n^- 和 T_n^+ 上分别建立与边 l_n 相关的基函数。为了使两个三角单元内的电流能共用一个展开系数,在三角单元 T_n^+ 上取由顶点 O^+ 指出的位置矢量 ρ_n^+,在三角单元 T_n^- 上取指向顶点 O^- 的位置矢量 ρ_n^-,建立与边 l_n 相关的两个三角单元上的基函数

$$f_n(r') = \begin{cases} \dfrac{l_n}{2A_n^+}\rho_n^+ & (r' \in T_n^+) \\ -\dfrac{l_n}{2A_n^-}\rho_n^- & (r' \in T_n^-) \\ 0 & (\text{其他}) \end{cases} \quad (3.18)$$

式中:A_n^- 和 A_n^+ 分别为三角单元 T_n^- 和 T_n^+ 的面积;l_n 为第 n 条边的边长。

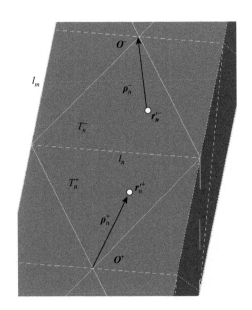

图 3.9 相邻三角面元对的几何关系

显然,感应电流基函数只和 $\rho_n^\pm$ 有关,通过计算可得表面散度 $f_n(r')$ 为

$$\nabla_S \cdot f_n = \begin{cases} \dfrac{l_n}{A_n^+} & (r' \in T_n^+) \\ -\dfrac{l_n}{A_n^-} & (r' \in T_n^-) \\ 0 & (\text{其他}) \end{cases} \quad (3.19)$$

采用 RWG 基函数对输电线路各组成部分表面的感应电流进行离散后,电流基函数 f_n 总是与面元对间的公共边 l_n 相关,因此铁塔面模型的表面上的未知电流可用基函数展开

$$J_S(r') = \sum_{n=1}^{N} I_n f_n(r') \quad (3.20)$$

式中:N 为整个铁塔面模型划分三角面元后,三角面元对之间公共边的总数。

每一个三角单元内的电流由三条边上的基函数加权组成。由于角钢建模后的面模型截面为"⌐"的开放型,即边界上的面元不能构成面元对(如图 3.10 中的边 l_m),则需要将该边的法向电流设为零,即角钢面模型的边界边不存在法向电流。因此,在建立线性方程组时,只需要考虑内边(除处于角钢边界上的边外)的法向电流。

(a) 向—上线88号直线铁塔

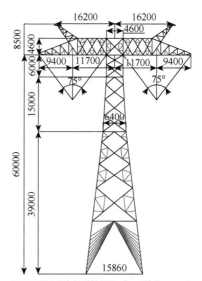
(b) ZP30101型典型铁塔尺寸,(单位:mm)

图 3.10 ±800 kV 向家坝-上海特高压直流输电直线铁塔

选择 Galerkin(伽略金)检验方法,即选取基函数 f_n 为检验函数 f_m,对面模型电场积分方程式(3.7)进行检验,可得到矩阵方程

$$\sum_{n=1}^{N} Z_{mn} I_n = V_m^i \quad (m=1,2,\cdots,N) \quad (3.21)$$

式中:未知数 I_n 是第 n 条边的法向电流密度,且

$$Z_{mn} = \mathrm{j}\omega\mu \left(\int_S \int_{S'-r} f_m(r) \cdot f_n(r') - \frac{1}{k^2} \nabla_S \cdot f_m(r') \nabla'_S \cdot f_n(r') \right) G(r,r') \mathrm{d}S' \mathrm{d}S \quad (3.22)$$

$$\int_S E_i(r) \cdot f_m(r) \mathrm{d}S \quad (3.23)$$

将式（3.18）和式（3.19）代入式（3.22）和式（3.23），选择三角形数值积分方法进行积分，可以得到阻抗阵元素和激励向量元素

$$V_m^i = \pm l_m (E_\theta \boldsymbol{\theta} + E_\phi \boldsymbol{\phi}) \cdot \sum_{d=1}^{D} \omega_d \left[\mathrm{e}^{-\mathrm{j}ki \cdot r_{md}^+} (r_{md}^+ - p_{m1}^+) - \mathrm{e}^{-\mathrm{j}ki \cdot r_{md}^-} (r_{md}^- - p_{m1}^-) \right] \quad (3.24)$$

$$Z_{mn} = \frac{\mathrm{j}kZ}{4\pi}(Z_{mn}^{++} + Z_{mn}^{--} - Z_{mn}^{+-} - Z_{mn}^{-+}) \quad (3.25)$$

$$Z_{mn}^{\pm\pm} = l_m l_n \sum_{d=1}^{D} \sum_{j=1}^{D} \omega_d \omega_j \left[(r_{md}^\pm - p_{m1}^\pm) \cdot (r_{nj}^\pm - p_{n1}^\pm) - \frac{4}{k^2} \right] \frac{\mathrm{e}^{-jk|r_{md}^\pm - r_{nj}^\pm|}}{|r_{md}^\pm - r_{nj}^\pm|} \quad (3.26)$$

式中：ω_d 和 ω_j 分别是采样点的加权因子，Z 是空间波阻抗，$Z=(\mu/\varepsilon)^{1/2}$；$k$ 是波数，且

$$r_{md}^\pm = x_d p_{m1}^\pm + y_d p_{m2}^\pm + z_d p_{m3}^\pm \quad (3.27)$$

$$r'^\pm_{nj} = x'_j p_{n1}^\pm + y'_j p_{n2}^\pm + z'_j p_{n3}^\pm \quad (3.28)$$

式中：$p_{mi}^\pm$ 和 $p_{ni}^\pm$ 分别表示三角面元 $T_m^\pm$ 和 $T_n^\pm$ 的三个顶点，且分别表示与边 m 和边 n 相对的顶点；d 是数值积分采样点数，本研究中取 $d=7$，(x_d, y_d, z_d) 和 (x'_j, y'_j, z'_j) 分别是两个三角形数值积分采样点参数值。

这样，求解式（3.21），可以求解得到 I_n。求得 I_n 后，式（3.7）中的 $J_S(r')$ 可以通过式（3.6）求解得到。最终，式（3.5）中的 $E_S(r)$ 可以求解得到。

2. 铁塔面模型的无源干扰

根据前述理论分析，采用线模型来模拟输电线路无源干扰并不准确，因此根据特高压直流输电线路角钢铁塔实际尺寸和连接特点，按照角钢规格为 L120 和 L150 建立角钢辅材面模型，按照角钢规格为 L200 建立角钢主材面模型，即角钢边宽分别为 12 cm、15 cm 和 20 cm。为研究铁塔角钢辅材对入射电磁波的影响，分别建立不考虑铁塔辅材的面模型和完整铁塔结构的面模型，仿真计算用的铁塔面模型如图 3.11 所示。为保证模型和实际铁塔一致，建模时注意组装铁塔时的角钢凹口面向铁塔内部，且朝向地面。图 3.12 是局部放大后的铁塔塔头面模型示意图，从图中可以清晰地看出角钢的凹口都是面向铁塔内部。从图 3.12（b）中可以看出，角钢连接结构与实际铁塔模型也是一致的。

将铁塔面模型代替铁塔线模型，采用 RWG 基函数对面模型划分单元，其三角面元边长为 0.1λ，改变入射电磁波入射角度，得到各种频率下单基铁塔面模型的无源干扰数值，仿真结果如图 3.13 所示。

第 3 章　特高压输电线路无源干扰的数学求解

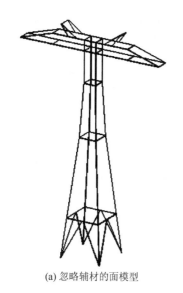
(a) 忽略辅材的面模型

(b) 完整建模的面模型

图 3.11　单基铁塔的面模型三维图

(a) 铁塔塔头外部示意图

(b) 塔头角钢连接点内部示意图

图 3.12　单基铁塔的面模型局部放大图

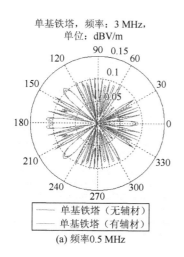
(a) 频率 0.5 MHz

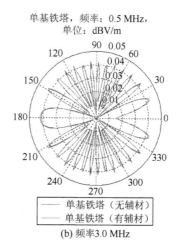
(b) 频率 3.0 MHz

55

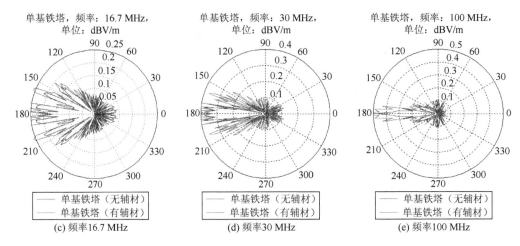

图 3.13 单基铁塔有（无）辅材的面模型无源干扰值，防护间距 2000 m（续）

可以看出，采用面模型计算单基铁塔的无源干扰，有（无）辅材不影响铁塔的无源干扰特性，仅影响干扰水平的具体数值，该结论与采用线模型进行计算一致。从数值上看，有（无）辅材的铁塔面模型计算出的差值在中低频范围内相差不大，即使到频率为 16.7 MHz 时，入射电磁波垂直于线路走向穿过铁塔，有（无）辅材的无源干扰差值仅为 0.0476 dBV/m。这说明，当频率小于 16.7 MHz 时，研究输电线路无源干扰问题可以用简化的铁塔面模型，从而极大地减少计算量。但当频率达 100 MHz 时，入射电磁波垂直于线路走向穿过铁塔，有（无）辅材的无源干扰差值达到 0.1926 dBV/m，这表明研究高频及以上频率输电线路无源干扰时，由于电磁波的波长相对于铁塔的主材和辅材而言已经相对较小，辅材的存在对整基铁塔乃至整条线路无源干扰的影响也将急剧增大。

3.3.3 无源干扰求解的线面混合模型

1. 输电线路无源干扰模型的选择

从理论上看，仿真模型越近似于真实情况，计算得到的结果越准确。但对于输电线路这种复杂而且巨大的空间构筑物来说，随着激励电磁波频率的增加，按线路实际结构建模将带来复杂的矩阵运算。因此，根据不同的激励频率，在输电线路仿真建模时可进行一定的简化处理。对于不超过 1.7 MHz 的频率来说，IEEE 推荐的输电线路仿真模型是铁塔和地线都等效成不同半径的线模型[8]；我国当前采用的是只考虑铁塔主材的输电线路线模型，而这种线模型适用频率为 16.7 MHz 以下[2]。显然，采用完整建模的铁塔和地线面模型进行仿真得到的结果更为准确[9]，但目前的计算机水平还无法完成这种规模的计算。因此，包括铁塔和地线的输电线路无源干扰面模型需要进行一定的简化。

对于特高压直流输电线路来说，线路档距一般为 500 m，地线直径为厘米数量级，则可考虑地线仍用线模型代替。如 ±800 kV 向家坝—上海特高压直流输电线路采用

LBGJ-180-20AC 型地线，该型地线直径为 17.5 mm。采用线模型计算时，分段长度和半径之比不小于 8[10]，则通过计算可得到，地线线模型划分单元后，地线线单元长度不小于 0.07 m。若根据 NEC 计算要求，对模型按照 0.1 倍波长划分，则激励电磁波波长不小于 0.7 m。根据电磁波频率 f 与波长 λ 的关系

$$\lambda = \frac{c}{f} \tag{3.29}$$

式中：c 为光速，本书根据惯例取 $c = 3 \times 10^8 \mathrm{(m/s)}$。

可以得出，当波长 $\lambda = 0.7$ m 时，$f = 428.57$ MHz。即特高压直流输电线路地线线模型可用于 428.57 MHz 以下频率的计算。因此，对中短波频段的无线电台站来说，输电线路无源干扰模型可采用铁塔三维面模型和地线线模型的线—面混合结构。

特高压直流输电线路无源干扰线—面模型如图 3.14 所示。线路铁塔采用面模型，以典型线路 ZP30101 型铁塔为对象进行仿真建模，该型铁塔高 63 m，横担宽 42.2 m；线路地线采用线模型，线模型直径为 17.5 mm，两根地线相距 32.4 m，弧垂 13 m；档距长 500 m。

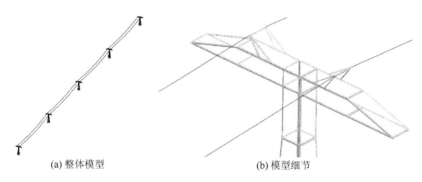

(a) 整体模型　　　　　　　　(b) 模型细节

图 3.14　特高压直流输电线路无源干扰线—面混合模型

2. 输电线路无源干扰线—面模型的求解

对输电线路无源干扰的求解采用矩量法计算模型对应的电场积分方程。求解中，按照激励电磁波波长的一定比例对模型分段，选取分段单元对应的基函数和检验函数。对于线模型求解，选取脉冲基函数为基函数，检验函数选择 Dirac δ 函数；对于面模型求解，基函数选择 RWG 基函数，采用伽略金检验。因此，采用线—面混合模型时，必然存在线—面结合点处的处理问题。

1）线—面模型连接点处的基函数

实际情况下的地线和铁塔通过金属地线线夹和铁塔相连，因此铁塔和地线上的感应电流应该是连续的；但若将面模型剖分为三角面元，细线模型剖分为线单元，则线单元和三角面元的交叉点处电流从物理意义上说具有不连续性。对线—面连接处的进一步研究[11]可以发现，线—面连接点基函数的具体表达可分为线部分和连接点周围的面部分。如图 3.15 所示，第 n 个线—面连接点 j 处的基函数可表示为

$$\boldsymbol{f}_n^j(\boldsymbol{r}) = \boldsymbol{f}_n^{j,W}(\boldsymbol{r}) + \sum_{k=1}^{n} \boldsymbol{f}_n^{j,k}(\boldsymbol{r}) \tag{3.30}$$

$$\begin{cases} \boldsymbol{f}_n^{j,k}(\boldsymbol{r}) = \alpha_n^k \left[1 - \dfrac{(h_n^k)^2}{(\boldsymbol{\rho}_n^k \cdot \boldsymbol{h}_n^k)^2} \right] \dfrac{\boldsymbol{\rho}_n^k}{h_n^k} & (\boldsymbol{r} \in T_n^k) \\ \boldsymbol{f}_n^{j,W}(\boldsymbol{r}) = \dfrac{\boldsymbol{r} - \boldsymbol{r}_0}{|(\boldsymbol{r}_0 - \boldsymbol{r}_1)|} & (\boldsymbol{r} \in C_n^0) \end{cases} \tag{3.31}$$

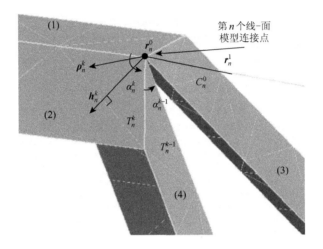

图 3.15 线—面模型连接点处的基函数

式中：$\boldsymbol{f}_n^{j,k}(\boldsymbol{r})$ 和 $\boldsymbol{f}_n^{j,W}(\boldsymbol{r})$ 分别代表第 n 个连接点 j 处的面模型基函数和线模型基函数；k 表示连接点 j 邻近存在的 k 个三角面元数量；T_n^k 和 T_n^{k-1} 分别表示第 n 个连接点 j 邻近的第 k 个和 $k-1$ 个三角面元；α_n^k 和 α_n^{k-1} 分别表示与连接点 j 相连的第 k 个和 $k-1$ 个三角面元在连接点周围所张开的角度，使用这个系数主要是为了与线部分的电流保持连续；$\boldsymbol{\rho}_n^k$ 表示三角面元 T_n^k 中从 $\boldsymbol{r}_n^0$ 指出的位置矢量。

2）线—面模型的矩量法求解

对于多基铁塔与地线相连的面模型和线模型的混合结构，设整个模型的三角面元的个数为 N_S，线单元的个数为 N_W，三角面元和线单元的连接点个数为 N_J，则铁塔和地线相连模型上的电流分布可展开为

$$\boldsymbol{J}(\boldsymbol{r}) = \sum_{n=1}^{N_S} I_n^s \boldsymbol{f}_n^s(\boldsymbol{r}) + \sum_{n=1}^{N_W} I_n^w \boldsymbol{f}_n^w(\boldsymbol{r}) + \sum_{n=1}^{N_J} I_n^j \boldsymbol{f}_n^j(\boldsymbol{r}) \tag{3.32}$$

式中：$\boldsymbol{f}_n^s(\boldsymbol{r})$ 为三角面元的基函数，即 RWG 基函数；$\boldsymbol{f}_n^w(\boldsymbol{r})$ 为线单元的基函数，即脉冲基函数；$\boldsymbol{f}_n^j(\boldsymbol{r})$ 为面单元和线单元连接点的基函数，即式（3.31）和式（3.32）。

按照前述计算方法，将三种不同的基函数代入电场积分方程，并遵循矩量法的求解步骤[13]，可得到矩阵方程

$$\begin{bmatrix} Z_{ss} & Z_{sw} & Z_{sj} \\ Z_{ws} & Z_{ww} & Z_{wj} \\ Z_{js} & Z_{jw} & Z_{jj} \end{bmatrix} \cdot \begin{bmatrix} I_s \\ I_w \\ I_j \end{bmatrix} = \begin{bmatrix} V_s \\ V_w \\ V_j \end{bmatrix} \quad (3.33)$$

式中：左侧的阻抗矩阵由 9 部分组成，分别表示三角面元及线单元的自阻抗及互阻抗，右侧为电压矩阵。求解矩阵方程（3.33），即可获得面电流、线电流及面单元和线单元的连接点处的电流，最终求解整条输电线路的无源干扰值。

3.4 无源干扰的矩量法求解

3.4.1 矩量法及计算实例

由于输电线路各组成部分的复杂性，很难获得线路无源干扰电场积分方程的精确解析解，因此只能采取相关的数值方法进行求解。矩量法是一种离散积分方程的数值方法，由于积分方程自动满足辐射边界条件，并只需要对建模后的输电线路模型进行离散，对于开域空间内输电线路无源干扰数学模型，可采用矩量法求解无源干扰电场积分方程。

根据第 2 章 2.3.1 所述矩量法基本原理，可知输电线路无源干扰矩量法的求解过程：建立输电线路体、面和线模型的电场积分方程；选取合适的基函数 f_n 对电场积分方程中的感应电流进行离散展开，即对模型划分网格，并得到网格单元的感应电流矢量 $J(r')$；选取合适的检验函数 ω_n 建立线性方程组，求解方程组计算各网格单元感应电流 $J(r')$ 的近似解，从而最终求解输电线路无源干扰问题。

显然，在求解输电线路无源干扰问题过程中，关键就是基函数 f_n 和检验函数 ω_n 的选取。基函数和检验函数的选取直接决定了采用数学建模方式求解输电线路无源干扰水平的精确性。

当前，国内外均采用矩量法求解输电线路无源干扰的直线导线电场积分方程，即 Pocklington 电场积分方程。计算时，基函数为脉冲基函数，检验函数为 Dirac δ 函数。这种脉冲基函数的选取也直接影响到了线模型计算输电线路无源干扰的准确性，这在本章 3.3.1 也有相应介绍。

3.4.2 矩量法的计算资源

从矩量法求解输电线路无源干扰电场积分方程的过程看，矩量法求解的精确度在于对线路铁塔、导线和地线上感应电流的离散数量，也即对线路无源干扰仿真模型的网格细化程度。对模型划分网格越细，则计算越准确，但这同时带来了计算机存储量和计算机量的过大，仅凭当前通用的计算机硬件水平可能无法完成所需的输电线路无源干扰水平计算。

若将未知函数 $J(r')$ 进行离散成 N 个基函数，即将输电线路无源干扰仿真模型划

成 N 个网格，则未知数的个数为 N。选择检验函数进行检验，则可形成 $N \times N$ 矩阵，即需要计算机的存储量正比于 N^2。为便于比较，将计算机所需的存储量和计算量记为 $O(N^2)$。若不采用其他加速求解方法，仅以常规的高斯消元法求解矩阵方程，则计算次数正比于 N^3，所需的计算量为 $O(N^3)$。根据 NEC 软件的建议，在采用矩量法求解时，仿真模型按照激励电磁波波长的 1/10 划分仿真模型单元。以单基完整建模的特高压角钢铁塔线模型为例，模型详细尺寸如图 3.10 所示。当激励电磁波为 30 MHz，即波长为 1 m 时，铁塔线模型按照 0.1 m 的边长划分单元，高 68.5 m 的特高压角钢铁塔线模型划分网格后，可得到 19 052（约等于 1.9×10^4）个单元，则计算机所需存量和计算量为 $O(6.85 \times 10^{12})$。显然对于当前通用的计算机硬件水平来说，进行这种规模的计算是相当吃力的。

因此，寻求和发展适合于矩量法计算的快速算法得到了许多学者的重视，其中就有多层快速多极子加速求解方法[13]。前文所述的原国网武汉高压研究院和华北电力大学即采用了这种加速方法求解输电线路无源干扰水平。参见第 2 章 2.3.3 节，考虑到多层快速多极子加速求解方法已经非常成熟，且已有诸多文献详细论述，再加上研究时直接引用了该计算方法及相关代码，因此在此不再累述。

但是，即使采用多层快速多极子方法，也无法完成短波以上频率的输电线路无源干扰求解。因此，原国网武汉高压研究院仅对单基铁塔建模计算干扰水平，并乘以阵列影响系数来得到 11 基铁塔组成的线路无源干扰水平，最大计算频率为 26.7 MHz；华北电力大学对 5 基铁塔组成的线路无源干扰水平，最大计算频率为 30 MHz。需要注意的是，以上这些研究所用模型均为输电线路无源干扰线模型。

显然，对于中短波频段的输电线路无源干扰求解，采用矩量法和多层快速多极子加速求解可以完成电场积分方程的计算；但当频率达到微波频段及以上时，采用矩量法已经无法完成相关计算。针对特高压直流线路对各类微波台站的无源干扰，必须考虑其他的电磁场计算方法，如一致性几何光学理论等。

本书关于输电线路无源干扰的计算研究，所用计算机硬件设备为 HP XW9400 工作站，能完成的计算最大频率为 100 MHz。

3.5　无源干扰水平的高频近似算法

3.5.1　IPO 算法及计算实例

1. 甚高频无源干扰的求解特点

甚高频指的是频率为 30～300 MHz 的频段。该频段为雷达、调频广播、部分移动通信业务等无线电设备所选用频段。

甚高频频段所对应频率较高，由矩量法计算的原理可知，如果选用矩量法对其进行求解，对其模型的离散程度要求更高，计算用矩阵阶数过大，所耗时间过长，浪费过多的计算机资源。

针对该问题，必须考虑采用高频近似算法对甚高频无源问题进行求解，而高频近似算法中有几何光学法、几何绕射理论、物理光学法等多种方法。由几何光学原理及其适用范围来看，无法计算输电线路模型中的绕射场，几何绕射理论引入了绕射线，可以对绕射场进行分析，但该算法在反射边界两侧的过渡区失效，也不能完成输电线路中一些特殊结构的电场值。物理光学通过对目标亮区上感应电流的远场积分得到，但无法解决目标上不连续性所产生的电流，也即没有考虑到铁塔角钢的不连续性对感应电流的影响。

迭代物理光学（Iterative physical optics，IPO）法针对物理光学法出现的不连续性进行了修正，克服了传统物理光学法的缺点[14]，因此在甚高频无源干扰问题求解中，考虑运用 IPO 法进行求解。

2. 特高压输电线路的 IPO 求解

1）PO 法求解思路

IPO 法是物理光学（physical optics，PO）法的修正结果，因此，首先需要对 PO 法求解思路进行说明。

PO 法求解模型如图 3.16 所示。图 3.16 中，P 点为激励所在点（即源点），位于坐标轴 x 上，S 为将输电线路整体包含在内的一个封闭面，n 为封闭面的外法向矢量。输电线路的电磁散射情况主要由表面散射决定。

远场散射场的积分公式为

$$E_S = -\frac{jk \cdot e^{-jkr}}{4\pi r} \iint_S s \times [(n \times E) - Z_0 s \times (n \times H)] \cdot e^{jk(s-r')} dS \tag{3.34}$$

式中：积分域 S 为整体包含在内的一个封闭面；n 为表面的外法向矢量；E 为表面的电场向量 H 为表面的磁场向量；s 为散射后电磁波传播方向的单位矢量；Z_0 为波阻抗；r 为源点到坐标原点的距离；r' 为坐标原点至输电线路任一点的距离。

由于为理想导体，其边界条件[15]为

$$n \times E = 0 \tag{3.35}$$

$$n \times H = 2n \times H_i \tag{3.36}$$

将边界条件带入式（3.34）中，可得到远场散射场积分表达式

$$E_S = \frac{jk \cdot e^{-jkr}}{4\pi r} \iint_S s \times [(s \times (2n \times H_i)] \cdot e^{jk(s-r')} dS \tag{3.37}$$

用感应电流散射进行表征，表达式为

$$J = n \times H \tag{3.38}$$

将输电线路表面视为良导体，采用物理光学近似，表面的感应电流为

$$J_{po} = n \times H = \begin{cases} 2n \times H_i & (\text{照明区}) \\ 0 & (\text{阴影区}) \end{cases} \quad (3.39)$$

在运用 PO 法进行求解时，其照明区域的切向场产生的电流为 $2n \times H_i$，而阴影区域产生的电流为零。照明区即代表入射波可以直接到达的区域，阴影区则为入射波不能直接到达的区域，如图 3.17 所示。

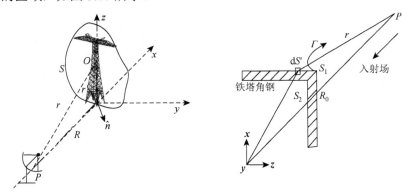

图 3.16 物理光学法求解模型　　图 3.17 角钢照明区、阴影区与影界示意图

图 3.17 中，以铁塔角钢为例，S_1 为照明区，S_2 为叶片的阴影，Γ 表示照明区与阴影区的界限，dS' 表示叶片单位面元。

对照明区及阴影区划分之后，根据表面的边界条件，可推导出远场散射场表达式

$$E_S = \frac{jkZ_0 \cdot e^{-jkr}}{4\pi r} \iint_S s \times (s \times J_{PO}) \cdot e^{jk(s \cdot \vec{r}')} dS \quad (3.40)$$

2) IPO 法的修正过程

如图 3.17 所示，角钢模型中存在的不连续的情况，在这种情况下，必须进行修正。此时，感应电流密度可表示为

$$J_t = J_0 + J_1 \quad (3.41)$$

式中：J_0 为满足 PO 法条件下的表面电流；J_1 为表面电流的非均匀部分，它是由不连续所引起的。

物理光学感应电流可以用 Luneberg-Kline（龙伯克-莱恩）级数展开项的首项来求解，考虑一阶修正后的结果如式（3.42）所示，即

$$J_{(r')} = 2[n_{(r')} \times H_i] + \frac{1}{2}\left[n_{(r')} \times P\oint_S d^2 r L J_{(r)} \times R(r_1, r)\right] \quad (3.42)$$

式中：$L = \dfrac{1 - ikR}{R^3} e^{ikR}$；$R = r' - r$；$P$ 表示取正值。

式（3.42）第一部分为经典 PO 法所求电流值，其在阴影区的值为 0。而 J_1 由第二部分给出，即

$$\boldsymbol{J}_{1(r')} = \frac{1}{2\pi} \boldsymbol{n}_{(r')} \times P\left[\oint_S \mathrm{d}^2 r L \boldsymbol{J}_{PO(r)} \times \boldsymbol{R}(\boldsymbol{r}^t, \boldsymbol{r})\right] \quad (3.43)$$

依此类推，高阶修正项可表示为

$$\boldsymbol{J}_{1(r')} = \frac{1}{2\pi} \boldsymbol{n}_{(r')} \times P\left[\oint_S \mathrm{d}^2 r L \boldsymbol{J}_{PO(r)} \times \boldsymbol{R}(\boldsymbol{r}^t, \boldsymbol{r})\right] \quad (3.44)$$

以上即为 IPO 法在 PO 法上的修正，可对经典物理光学法照明区的电流进行极化修正。运用 IPO 法计算之后，因其考虑了不连续结构感应电流的修正，更为精确地求取了感应电场值。

3. IPO 法对甚高频无源干扰求解示例

1）模型的建立

研究所选用频段为甚高频频段，其频率在 30~300 MHz，求解该频段的无源干扰问题选用 IPO 法进行求解，针对该方法建立输电线路铁塔面模型，模型以 ±800 kV 向家坝—上海特高压直流输电线路 ZP30101 型典型铁塔为例进行相关仿真计算，该铁塔模型如图 3.12 所示。

甚高频频段内的各类无线电设备所涉及的发射天线种类很多，所造成的无源干扰影响也不尽相同。在建模过程中，考虑最极端的情况，即将激励入射电磁波置于无穷远处，采用垂直极化平面波进行激励，选取（0，2000，2）为观测点，求解特高压输电线路无源干扰水平，如图 3.18 所示。

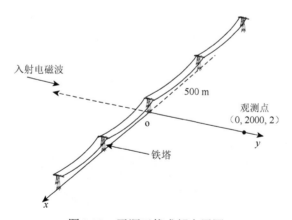

图 3.18　无源干扰求解布置图

2）仿真计算结果

采用图 3.12 模型，采用甚高频段 30~300 MHz 的垂直极化平面波为激励，选用了单基铁塔及 5 基铁塔为研究对象，计算了其观测点处的电场值及相应无源干扰水平。单基铁塔计算结果见表 3.2，5 基铁塔各计算结果如表 3.3、图 3.19、图 3.20 所示。

表 3.2 单基铁塔电场值及无源干扰水平

频率/MHz	电场值/(V/m)	无源干扰水平/(dBV/m)
30	1.98	−0.083 13
60	2.00	−0.010 48
90	2.02	0.089 09
120	2.02	0.067 183
150	2.00	−0.008 15
180	1.98	−0.070 33
210	1.99	−0.060 02
240	2.00	−0.015 59
270	2.00	0.018 519
300	2.01	0.041 684

表 3.3 五基铁塔电场值及无源干扰水平

频率/MHz	电场值/(V/m)	无源干扰水平/(dBV/m)
30	1.86	−0.630 34
60	1.98	−0.087 3
90	1.88	−0.537 44
120	1.87	−0.583 77
150	2.01	0.043 321
180	1.96	−0.175 48
210	1.91	−0.399 93
240	1.94	−0.264 57
270	1.99	−0.043 54
300	1.97	−0.131 28

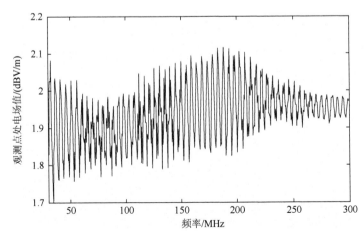

图 3.19 甚高频段下 5 基铁塔观测点处电场值

第3章 特高压输电线路无源干扰的数学求解

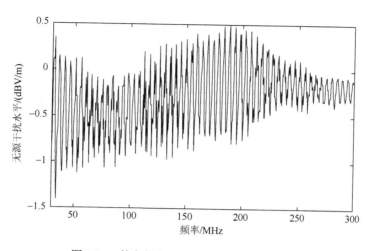

图 3.20 甚高频段下 5 基铁塔无源干扰水平

3）IPO 算法验证

FEKO 是目前国内外比较流行的电磁场高频计算软件，采用 FEKO 中矩量法对甚高频下无源干扰进行了计算，其结果作为参考值对 IPO 的精确度进行说明，如图 3.21 所示及表 3.4 所示。

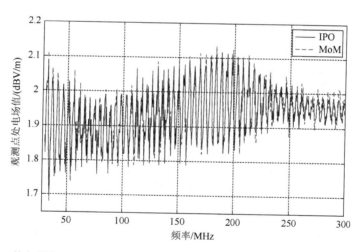

图 3.21 甚高频段下 5 基铁塔无源干扰水平矩量法与迭代物理光学法计算结果对比

表 3.4 全局平均绝对误差和全局极值最大相对误差比较

算例	Mad/(V/m)	Δmax/(V/m)	er/%
5 基铁塔	0.2728×10^{-11}	0.017×10^{-11}	0.0353

采用 FEKO 及 IPO 对甚高频下 5 基塔输电线路电场值进行计算，计算机所耗时间见表 3.5。

表 3.5 两种解法所用时间比较

方法	计算所耗时间/min
IPO	42
FEKO	4320

本书采用全局平均绝对误差、全局极值最大相对误差的概念对 IPO 计算结果进行误差分析，见表 3.4。

全局平均绝对误差计算式为

$$\text{mad} = \frac{\sum_{i=1}^{N}\left|E_i - E_i^*\right|}{N} \quad (3.45)$$

式中：E_i 为第 i 个频率对应 IPO 计算结果；E_i^* 为第 i 个频率对应散射场的矩量法计算结果。

全局极值最大相对误差计算式为

$$e_r = \frac{\Delta_{\max}}{E_j^*} \times 100\% \quad (3.46)$$

式中：$\Delta_{\max}$ 为全局极值最大绝对误差，计算公式为 $\Delta_{\max} = \max_{j \in J}\left|E_j - E_j^*\right|$；$E_j$ 为第 j 个极值点对应 IPO 计算结果；E_j^* 为第 j 个极值点对应散射场的矩量法计算结果；J 为所有极值点所构成的集合。

4）计算结果分析

（1）从表 3.5 可以看出，采用 IPO 算法可快速得到甚高频段下输电线路散射场频率响应及无源干扰水平，同时精度可达到 3.53%。

（2）表 3.2 及表 3.3 选取了一些特殊频点（30 MHz，60 MHz，…）为研究对象，从中发现，这些特殊频点处的电场值与无源干扰水平并没有简单地随着频率的升高而增加。

（3）图 3.19 及图 3.20 为 5 基铁塔观测点处的电场值及无源干扰水平，由图中可以发现，在 50～100 MHz 内电场及无源干扰水平有一明显减小的趋势，在该频段之后，电场值及无源干扰水平有明显的上升。

（4）在 220 MHz 左右到 300 MHz 的区间内，观测点处电场值及无源干扰水平呈现出逐渐减小的趋势，在甚高频之后频段，即 300 MHz 之后的情况，还需进一步的研究以得出结论。

4. 结论

（1）采用 IPO 技术可较好地解决具体频段的求解问题，能快速准确地体现出具体频段下的特性。在计算过程中硬件采用 DELL Precision T3610 工作站，内存 28 G。

（2）IPO 算法对不连续结构中感应电流进行了考虑，使计算结果更为精确，但 IPO 算法为高频近似算法，计算所得结果只能为近似计算结果。

3.5.2 LE-PO 法及计算实例

1. 特高频输电线路无源干扰的各类算法

当前用于电大尺寸目标电磁散射求解的特高频算法按原理可分为两类：基于射线光学法和基于电流法。

基于射线光学法就是将电磁散射问题转化为射线寻迹纯几何问题，如几何光学法、几何绕射理论和一致性几何绕射理论等，其中一致性绕射理论是计算高频输电线路无源干扰最快速的方法。几何绕射理论（uniform geometrical theory of diffraction，UTD）算法基于高频区场的局部性原理，将输电线路看成板、柱、锥这三种典型模型的组合，从而采用典型解求出各局部场后叠加起来获得总场。而实际上，输电线路并不能完全由板、柱、锥组合而成，因此在求解输电线路绕射场时，缺乏准确对应的绕射系数，必然存在部分解无效的情况。此外，UTD 是研究光线射线传播的一种理论，适用于计算电磁波波长近似为零的情况，即在频率越高的情况下越准确。

基于电流法就是先求出目标表面的近似感应电流，再通过感应电流求得散射场，如 PO 法和物理绕射理论（physical diffraction theory，PTD）法。由于 PTD 法最终的积分一般难以求解，因此常用 PO 法进行求解。而传统 PO 法通常采用 RWG 基函数对输电线路这类电大尺寸甚至是超电大尺寸目标进行剖分计算时，需要巨大的计算资源，受到当前计算机硬件的限制。为解决该问题，出现了大面元物理光学法（large element-physical optics，LE-PO）法，该方法在 RWG 基函数的基础上引入一修正项来表征电流相位的变化，因而能够采用大面元对输电线路模型进行剖分，极大地减少了未知量个数，克服了传统 PO 法对计算资源需求较大的问题。

显然，可考虑采用 LE-PO 法对输电线路无源干扰问题进行求解。

2. 应用 LE-PO 法的条件

LE-PO 法和 PO 法的求解过程类似，只是剖分采用的基函数不同，可以采用大面元进行剖分。因此，在应用 LE-PO 法时，同样需要满足应用 PO 法时的三个假设条件：①物体表面的曲率半径远大于电磁波波长；②物体受照射表面上的感应电流的特性与入射点表面相切的无穷大平面上的感应电流特性相同；③物体表面上只有被入射波直接照射区域存在感应电流，其他区域的感应电流为零。

在特高频情况下，输电线路线模型较为粗糙，已经无法适用，此时必须使用非常接近实际的输电线路无源干扰面模型，该模型在理论上可用于短波及以上任意频段的无源干扰水平求解。而在该模型中，输电线路铁塔是由仅含有光滑平面组成的"∟"形角钢构成的，因此，输电线路面模型实际上是自然满足条件①和条件②的。根据条件③，铁塔角钢表面将分为照明区和阴影区两个部分，也即如图 3.22 所示的照明区存在感应电流。

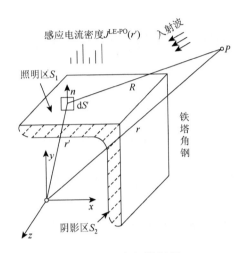

图 3.22 角钢散射场

3. 输电线路铁塔散射场的求解

1）输电线路铁塔散射场求解方程

基于输电线路铁塔面模型，根据上述应用 LE-PO 法的三个条件，并且将输电线路视为理想纯导体后，Stratton-Chu 积分方程可以简化为以下形式

$$E^s_{(P)} = \frac{j\omega\mu_0 e^{jkR}}{2\pi R} \int_{S_1} [n \times H_i - k \cdot (n \times H_i)k] e^{-jkk \cdot r'} dS' \quad (3.47)$$

式中：ω 为入射波角频率；μ_0 为真空磁导率；n 为 S_1 面的外法线方向；H_i 为入射波磁场；r 表示观察点 P 到参考坐标系原点的矢径；r' 表示面元 dS' 到参考坐标系原点的矢径；$R = |r - r'|$；k 表示波数；k 表示电磁波传播矢量。

式（3.47）中的旋度矢量可用感应电流密度矢量进行表示，即

$$J^{LE-PO}(r') = 2\delta_i \cdot n \times H_i \quad (3.48)$$

式中：系数 δ_i 是考虑遮挡效应的影响，如果观察点 r 在阴影区，那么 $\delta_i = 0$，如果在照明区，那么 $\delta_i = \pm 1$，它的符号由入射角和表面法矢量的关系而定。

将式（3.48）带入式（3.47）可知，LE-PO 法实质上是将输电线路铁塔散射场表示为关于输电线路铁塔表面感应电流的函数积分式，而铁塔表面的感应电流密度为方程的未知数。因此，只要求出输电线路铁塔等金属部分的感应电流分布，就可以通过简化后的电场积分方程求解输电线路的散射场。

2）输电线路铁塔表面感应电流的求解

根据 LE-PO 法的原理，在求解铁塔表面感应电流时，需要将铁塔表面划分成许多小的三角区域。因此，在如图 3.23 所示的三角面元对 T_n^+ 和 T_n^- 中，分别建立与第 n 条边 l_n 相关的 LP-RWG 基函数

$$\Lambda_n(\mathbf{r}) = \begin{cases} \dfrac{l_n}{2A_n^+} \boldsymbol{\rho}_n^+ \cdot \mathrm{e}^{-\mathrm{j}\mathbf{k}_n \cdot (\boldsymbol{\rho}_n^+ - \boldsymbol{\rho}_{nc}^+)} & (\mathbf{r} \text{ in } T_n^+) \\ -\dfrac{l_n}{2A_n^-} \boldsymbol{\rho}_n^- \cdot \mathrm{e}^{-\mathrm{j}\mathbf{k}_n \cdot (\boldsymbol{\rho}_n^- - \boldsymbol{\rho}_{nc}^-)} & (\mathbf{r} \text{ in } T_n^-) \\ 0 & (\text{其他}) \end{cases} \quad (3.49)$$

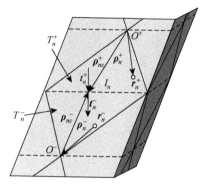

图 3.23 角钢三角面元对

式中：l_n 为第 n 条边的边长；A_n^+ 和 A_n^- 分别为三角面元 T_n^+ 和 T_n^- 的面积；$\boldsymbol{\rho}_n^+$ 为 T_n^+ 内由 O^+ 指出的位置矢量；$\boldsymbol{\rho}_n^-$ 为 T_n^- 内指向 O^- 的位置矢量；$\boldsymbol{\rho}_{nc}^+$ 和 $\boldsymbol{\rho}_{nc}^-$ 分别为三角面元对 T_n^+ 和 T_n^- 非公共顶点到公共边中点的矢量。当 $\mathbf{k}_n = 0$ 时，式（3.55）则转化为 RWG 基函数，记为 $f_n(\mathbf{r})$。

和矩量法类似，在电流基函数确定后，铁塔表面上的感应电流可用基函数 $\Lambda_n(\mathbf{r})$ 表示成

$$\mathbf{J}_S = \sum_{n=1}^{N} \gamma_n \cdot \Lambda_n(\mathbf{r}) \quad (3.50)$$

式中：γ_n 为未知系数；N 为整个铁塔面模型剖分后，三角面元对公共边的总边数，不能构成三角面元对的边界边以及阴影区和照明区交界处的边则不包含在内。

和矩量法不同的是，展开式中的系数 γ_n 是利用 RWG 基函数的特性得到的。为了求解系数 γ_n，将两个单位向量 $\mathbf{t}_n^\pm$ 引入到图 3.22 中三角面元对 T_n^+ 和 T_n^- 公共边的中点，且在这两个三角面元内分别与公共边垂直，可以得到 RWG 基函数与单位向量 $\mathbf{t}_k^\pm$ 的关系

$$\mathbf{f}_n(\mathbf{r}_k) \cdot \mathbf{t}_k^\pm = \begin{cases} 1 & (k = n) \\ 0 & (k \neq n) \end{cases} \quad (3.51)$$

式中：$k = 1, 2, \cdots, N$。将式（3.50）两端同时乘以 $\mathbf{t}_n^\pm$，并将式（3.48）代入得

$$\gamma_n = (\mathbf{t}_n^+ + \mathbf{t}_n^-) \cdot 2\delta_\mathrm{i} \cdot \mathbf{n} \times \mathbf{H}_\mathrm{i} / [\mathrm{e}^{-\mathrm{j}\mathbf{k}_n \cdot (\boldsymbol{\rho}_n^+ - \boldsymbol{\rho}_{nc}^+)} + \mathrm{e}^{-\mathrm{j}\mathbf{k}_n \cdot (\boldsymbol{\rho}_n^- - \boldsymbol{\rho}_{nc}^-)}] \quad (3.52)$$

将式（3.52）带入式（3.50）便可以求出铁塔感应电流，然后根据式（3.47s），对感应电流函数进行积分，求得铁塔散射场。

在求解感应电流的过程中，LP-RWG 基函数的三角面元尺寸可以比 RWG 基函数的三角面元尺寸要大得多。而铁塔面模型中的角钢可以看成由两个平面组成，即使这两个平面分别采用较大的三角面元划分，也能反映角钢的局部细节，从而保证计算的精度。同时，采用较大的三角面元划分，也可以减少未知量个数，节省计算资源。因此，与传统 PO 法相比，LE-PO 法可以在保证计算精度的基础上，实现散射场的较快求解。三角面元划分后的效果如图 3.24 所示。

4. 算例分析

1）基于角钢模型的算法精度分析

在求解出输电线路散射场后，输电线路无源干扰水平可通过下式进行求解

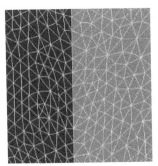 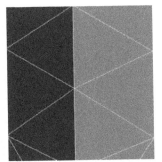

(a) 传统PO法角钢剖分图　　　　　(b) LE-PO法角钢剖分图

图 3.24　角钢剖分示意图

$$S = 20\lg\frac{E_{有}}{E_{无}} \tag{3.53}$$

式中：$E_{有}$ 为有输电线路时观测点的电场强度；$E_{无}$ 为无输电线路时观测点的电场强度。该式可作为评价无源干扰水平的标准。

由于当前很难对特高频输电线路无源干扰进行试验验证，而矩量法的计算精度较高，可采用矩量法的计算结果来分析 LE-PO 法的精度。但受计算资源限制，矩量法只能计算部分角钢的无源干扰水平，因此可建立等边角钢模型来分析算法精度。

选取实际输电线路铁塔部分等边角钢进行计算，仿真计算模型如图 3.25（a）所示。由于角钢在特高频情况下的趋肤效应较为明显，其厚度可以忽略，简化后的模型和铁塔面模型中的角钢一致，如图 3.25（b）所示。

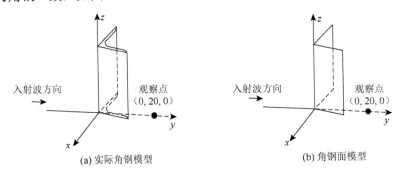

(a) 实际角钢模型　　　　　　　　(b) 角钢面模型

图 3.25　角钢计算模型

针对图 3.25（b）中的模型，入射波为垂直极化平面波，场强为 1 V/m。角钢宽度为 20 cm，高为 1 m，大于 10 倍入射波波长，因此满足电大尺寸的要求，能够采用高频算法求解。一般研究距离输电线路 2000 m 处的无源干扰水平，该距离约为算例塔高 20 倍，因此本书的观测点选取角钢高 20 倍的位置，即观测点坐标为（0，20，0）。分别采用矩量法（Method of Moments，MoM）、PO 法、LE-PO 法和 UTD 法计算该段角钢的无源干扰水平，计算结果如图 3.26 所示。由于 UTD 法的计算结果与其他三种方法差异过大，因此单独进行数据对比，如图 3.26（b）所示。

第3章 特高压输电线路无源干扰的数学求解

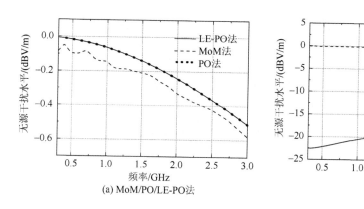

图 3.26 MoM/PO/LE-PO/UTD 法计算结果

从图 3.26 可以看出，若以矩量法作为评价标准，LE-PO 法与 PO 法所计算的无源干扰水平曲线基本重合，且与 MoM 法曲线变化趋势基本一致，而 UTD 法则相反；若以 0.1 dBV/m 作为偏差允许范围，则 LE-PO 法与 PO 法的计算精度较高，UTD 法则远远超过了偏差允许范围，但随着频率的升高，UTD 法与矩量法的偏差越来越小，精度有所提升。

尽管 LE-PO 法和 PO 法所采用的基函数不同，但它们本质上都是采用物理光学近似，只是剖分面元大小不同，因此在求解角钢这种简单目标的无源干扰水平时，计算精度可以达到一致。在求解的过程中，这两种方法都将阴影区的感应电流视为零，忽略了爬行波等现象，必然会产生一定的偏差，但计算偏差都在允许范围内。UTD 法在频率越高的情况下，计算精度越高，因此随着频率的升高，UTD 法和 MoM 法计算结果会越来越接近，但仍存在偏差较大的问题，所以 UTD 法不适合求解特高频输电线路无源干扰。

2）基于完整线路模型的算法精度及资源分析

采用的算例模型及参数如图 3.27 所示。

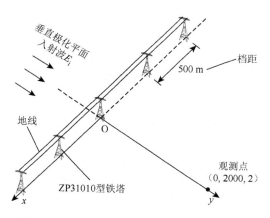

图 3.27 特高压输电线路无源干扰计算模型

虽然雷达的俯仰角会对输电线路无源干扰水平产生一定影响，但是本书只考虑和中短波无线电台站相同的情况，即将雷达的俯仰角均设置为0°。

针对图 3.27 所示模型，采用无穷远处垂直极化平面波进行激励，激励电场强度为 1 V/m，激励频率间隔为 27 MHz，分别采用 PO 法和 LE-PO 法对观测点为（0，2000，2）处的特高频无源干扰水平进行扫频计算，计算结果如图 3.28 所示。

从图 3.28 可以看出，无源干扰水平随着雷达工作频率的增加呈不规则震荡趋势，其中包含多个谐振点，且 LE-PO 法和 PO 法的计算结果偏差最大为 0.002 dBV/m。

由于观察点的散射场随频率的升高呈不规则震荡趋势，因此相应的无源干扰水平也呈该趋势，这和中短波情况下输电线路无源干扰的变化趋势类似；由于 LE-PO 法和 PO 法所采用的基函数不同，必然存在一定的偏差，但这些偏差非常小。对于角钢模型而言，偏差几乎为零。然而对于由大量角钢组成的输电线路面模型来说，偏差有一定累计，但仍然太小，几乎可以忽略。

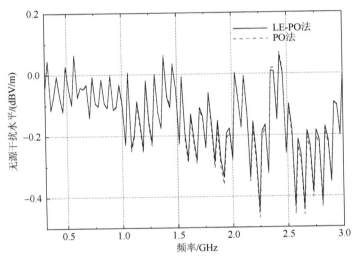

图 3.28　输电线路无源干扰水平

值得注意的是，本书采用角钢模型分析所得的 LE-PO 法计算精度，对于本节中的算例来说，结果是准确的。但从 LE-PO 法求解原理来看，它只能在偏离射线轴线方向±40°范围内给出较为准确的结果。而实际特高压输电线路与邻近无线电台站的相对位置较为复杂，必然存在 LE-PO 法无法求解的适用范围。因此，在后续的研究中，应关注偏离射线轴线方向±40°范围外的算法。

表 3.6 给出了 LE-PO 法和 PO 法所需的计算资源。可以看出，LE-PO 法在求解输电线路无源干扰所需计算资源比传统 PO 法明显地减少。

表 3.6　LE-PO 法和 PO 法的计算资源

方法	时间/h	剖分面元	内存
LE-PO	2.55	22,021	94.87 MB
PO	2.066	4,974,286	17.11 GB

从剖分的机理来看，LE-PO 法采用 LP-RWG 基函数，能够以数倍波长对输电线路铁塔面模型进行剖分，远大于传统 PO 法的剖分尺寸，因而总的面元数量会大幅减少，即未知量的个数也会大幅减少，因此所需计算资源明显地减少。

由于 LE-PO 法的计算精度较高，又能大幅节省计算资源，因此该算法可为求解由多基输电线路铁塔组成的不同阵列而产生的无源干扰提供了算法基础。

5. 结论

（1）与 UTD 法和 PO 法相比，LE-PO 法不仅具有较高的精度，而且所需计算资源少，适合对特高频输电线路无源干扰进行求解。

（2）虽然 LE-PO 理论忽略了输电线路铁塔角钢边缘绕射和阴影区不连续部分的表面电流，无法求得严格数值解，但在当前条件下，该方法是计算输电线路无源干扰的最佳算法。

3.5.3 UTD 法及计算实例

1. UTD 在输电线路无源干扰中的应用思路

一致性几何绕射理论是从几何光学的基础上发展起来的，而几何光学引用了射线和射线管的概念分析电磁散射现象，即电磁波沿射线进行传播，一束电磁波射线组成的管道为射线管。在自由空间中，通过射线管的任意界面的电磁波能量不变。由此可推导出辐射源为点源和非点源的空间中任意面元处的场强求解公式。如图 3.29 所示，当辐射源不是点源时，均匀媒质空间中两个面元 dA_1 和 dA_2 之间的场强关系式为

$$E_2 = E_1 \sqrt{\frac{\rho_1 \rho_2}{(\rho_1 + s)(\rho_2 + s)}} e^{-jks} \quad (3.54)$$

式中：E_1 和 E_2 分别为面元 dA_1 和 dA_2 处的场强；ρ_1 和 ρ_2 分别是面元 dA_1 和 dA_2 的曲率半径；k 为波数；s 为两个面元之间的距离。显然，当面元 dA_1 处的场强 E_1 时，就可以求解出面元 dA_2 处的场强 E_2。

当表示入射电磁波的几何光学入射射线传播到输电线路铁塔或地线时，部分能量被折反射，还有部分能量被消耗。根据几何光学理论，可以将输电线路导体附近的区域分成三个部分：照明区、过渡区和阴影区，而几何光学无法对阴影区进行计算。图 3.29 表示了输电铁塔角钢在入射电磁波的照射下形成的三个区域。从图 3.30 可以看出，由于角钢的"⌐"型结构，入射电磁波照射在角钢凹口处将形成较大的阴影区。考虑到铁塔由大量的角钢一段段铆接而成，则整基铁塔的阴影区显得更为复杂。这是几何光学理论无法完成的工作。

几何绕射理论在几何光学理论的基础上引入了绕射射线的概念，对阴影区的场进行了修正，认为入射射线遇到不连续表面时，会产生绕射场，绕射场离开绕射点后仍按几何光学射线传播。几何绕射理论包含三种绕射模型：边缘绕射、尖顶绕射和表面绕射。

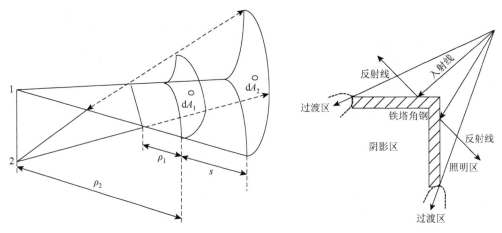

图 3.29　像散波的传播　　　　图 3.30　入射线激励下铁塔角钢周围的空域

文献[16]提出了三种绕射模型：边缘绕射、尖顶绕射和表面绕射。其中，输电线路模型中的角钢、导线和地线正好可以归纳于边缘绕射和表面绕射两种情况。图 3.31（a）表示几何光学入射线与角钢边缘以垂直角度入射时，3.31（b）图中的绕射圆锥面形成与角钢边缘垂直的平面圆盘。

文献[17]对图 3.31 的（a）和（b）所示的边缘绕射现象进行了解释，认为一条入射线会引起无穷多条绕射线，这些绕射线位于一个以绕射点为顶点的圆柱面上。当入射线垂直入射时，绕射锥面变成平面圆盘。图 3.31（c）属于曲面绕射现象，即入射射线辐射到导线表面时，其能量的一部分继续传播（如图中带箭头的虚线），另一部分能量则沿物体表面传播形成表面射线，且不断沿曲面的切线方向发出绕射射线。

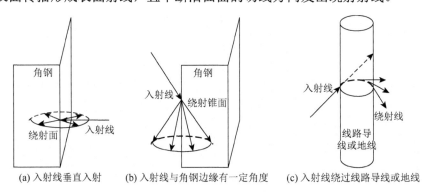

图 3.31　铁塔角钢、导线和地线的绕射场

为了导出边缘绕射、尖顶绕射和表面绕射的几何绕射理论基本算式，引入了 Keller（凯勒）绕射系数。在后续的研究中，发现 Keller 绕射系数在过渡区失效，因此，出现了 UTD 和一致性渐近理论。UTD 的实质就是对 Keller 绕射系数进行了修正，其他理论及公式方面没有根本性的变化。根据文献[18]的论述，UTD 是当前最有效应用最广的高频渐近技术之一，能较好地解决典型几何形状的工程高频散射问题。

几何绕射理论提出的可以解决的边缘绕射、尖顶绕射和表面绕射三种绕射模型,其实也就是提出了这三种模型所对应的 Keller 绕射系数。因此,UTD 也只能应用于这三种形式的绕射模型。显然,针对高频特高压直流线路来说,传统的输电线路无源干扰线模型是无法应用 UTD 方法的,只有利用无源干扰面模型[19],即提出几何光线照射到铁塔角钢或地线表面,发生折反射和绕射的思想,从而可以采用 UTD 方法进行相关计算。因此,输电线路无源干扰面模型的建立思路和求解方法,可以认为是以后进行高频输电线路无源干扰分析的理论基础。

2. 铁塔角钢绕射的 UTD 求解

依据铁塔面模型,以铁塔角钢为例说明采用 UTD 方法求解角钢无源干扰的方法。将铁塔角钢视为两个长方形的面相交而形成,长方形的边和宽根据实际角钢尺寸进行确定。采用 UTD 方法进行计算时,角钢的绕射场是角钢每条边的边缘所产生的绕射场之和。图 3.32 为入射线只照射到角钢的一个面时的绕射问题几何关系图。

入射线(激励电磁波)照射到单个导电平面的绕射场强表达式如下

$$E_{\beta_0}^c = -D_s^c E_{\beta_0}^i \sqrt{\frac{s'}{s''(s'+s'')}} \sqrt{\frac{s(s+s_c)}{s_c}} \frac{e^{-jks}}{s} \tag{3.55}$$

式中:$E_{\beta_0}^i$ 和 $E_{\beta_0}^c$ 分别为入射场和绕射场;β_0 为入射线 l' 与边缘 a 的夹角;β_c 为入射线 l_c 与边缘 a 的夹角;β_{0c} 为绕射线 l 与边缘 a 的夹角;s' 和 s_c 为源点沿入射线 l' 和 l_c 到边缘 a 之间的距离;s'' 和 s 为场点沿反射线 l'' 和绕射线 l 到边缘 a 之间的距离;D_s^c 为拐角一致性绕射系数

$$D_s^c = \frac{e^{-j\frac{\pi}{4}}}{\sqrt{2\pi k}} C_s(Q_E) \frac{\sqrt{\sin\beta_0 \sin\beta_{0c}}}{\cos\beta_{0c} - \cos\beta_c} F[kL_c a(\pi+\beta_{0c}-\beta_c)] \tag{3.56}$$

$$C_s(Q_E) = \frac{-e^{-j\frac{\pi}{4}}}{2\sqrt{2\pi k}\sin\beta_0} \left\{ \frac{F[kLa(\beta^-)]}{\cos\left(\frac{\beta^-}{2}\right)}|F(X^-)| - \frac{F[kLa(\beta^+)]}{\cos\left(\frac{\beta^+}{2}\right)}|F(X^+)| \right\} \tag{3.57}$$

式中:$C_s(Q_E)$ 为角钢边缘半平面情况下的一致性绕射修正系数;Q_E 为绕射点,其坐标为 $Q_E(x,y,z)$;$k=\omega\sqrt{\mu\varepsilon}$,$\mu$ 为磁导率,ε 为介电常数;$\beta^{\mp}=\phi\mp\phi'$,ϕ 和 ϕ' 为射线基坐标系中的入射线和绕射线的角度;$a(\phi)=2\cos^2\left(\frac{\phi}{2}\right)$;$L$ 为距离参数,和入射波波形有关,分别为平面波、柱面波和球面波三种形式,此处取平面波对应的形式 $L=s\sin^2\beta_0$;其他函数如下

$$F(X) = 2j\sqrt{X}e^{jX}\int_{\sqrt{X}}^{\infty} e^{-jt^2} dt \tag{3.58}$$

$$X^{\mp} = \frac{La(\beta^{\mp})/\lambda}{[kL_c a(\pi + \beta_{0c} - \beta_c)]} \quad (3.59)$$

$$L_c = \frac{s_c s}{s_c + s} \quad (3.60)$$

式中：$F(X)$ 为边缘绕射中的过渡函数；λ 为波长。

上述的拐角绕射系数是对应角钢的一个边缘而言，图 3.32 表示的是边缘 a 所产生的拐角绕射现象，因为源点不能照射到边缘 b，所以上述公式中没有考虑角钢边缘 b 的绕射场。当如图 3.33 所示情况时，根据源点与观察点所处位置，源点对角钢边缘 a 和 b 均有照射，且边缘 a 和 b 都产生绕射线抵达观察点。图 3.33 中各参数含义与图 3.32 类似。这种情况下，必须根据上述公式，分别计算出 a 和 b 两个边缘上相关拐点的绕射场，然后取其矢量和，最终得到该情况下的角钢整体绕射场。

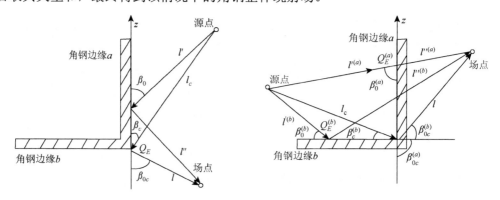

图 3.32　入射线只照到角钢一面的边缘绕射模型　　图 3.33　入射线照到角钢两面的边缘绕射模型

采用上述计算模型，可建立铁塔角钢面模型和导线面模型，分别求解出角钢和导线的绕射场，最终得到要求场点的散射场数值。

需要注意的是，UTD 只是一种高频近似算法，其基础理论几何光学法要求频率极限高，即认为频率越高越好，这样电磁波可近似于光线；而且认为在高频极限下，反射和绕射只是一种局部现象，计算的精度取决于反射点或绕射点附近很小区域的几何性质和物质性质[20]。对于输电线路这种空间复杂结构来说，由于角钢的"凵"形结构，入射线将在该凹口处产生多次折反射，从整基铁塔的宏观上形成极为复杂的反射场。另外，当前 UTD 只给出了边缘绕射、尖顶绕射和表面绕射三种情况下的绕射场和一致性几何绕射系数计算公式，只适用于角钢、导线和地线的分开求解，而实际上地线和角钢是相连接的，如何处理这种连接部分的绕射场问题，还没有很好的解决办法。

3. 特高压输电线路对高频信号无源干扰的求解示例

1）工程背景概况

我国某军事基地肩负着我国领土防空及其他相关研究试验任务，在 1000kV 晋东南—荆门特高压交流线路建成后，发现该线路对其存在着一定的电磁干扰。考虑即将开工建设的陕北—长沙 1000 kV 特高压交流工程也将经过或邻近该基地，于是，相关单位组织进行了国内首次特高压线路对特种无线电台站电磁干扰的科研任务。

图 3.34 表示了线路铁塔高度和某特种雷达仰角之间的几何关系。从图 3.34 可以看出雷达成一定的仰角实现对空探测。根据要求，雷达置于地面 40 m，显然雷达高度相对于平均高度 60 m 以上的特高压线路来说要矮。

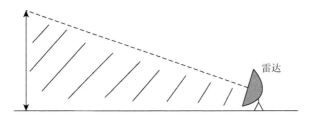

图 3.34 特高压线路与雷达之间的几何位置

特高压线路对特种雷达无源干扰的基本原理和文献[21]分析相同，只是频率达到了极高频（30～300 GHz）。以对场强的干扰分贝值，即式（3.1）作为干扰水平的评价标准，求解特高压线路在各种情况下对雷达的干扰水平。研究内容包括单条同塔双回特高压线路，单回、同塔双回特高压线路并行架设，2 条单回特高压线路并行架设，3 条单回特高压线路并行架设这 4 种情况分别考虑与雷达站之间的间距、工作频率、仰角对无源干扰的影响；并研究铁塔高度对无源干扰的影响，以最终得出可以接受的线路通过类似于该基地的设计方式。

2) 仿真计算模型及结果

建立了不考虑铁塔辅材的铁塔和导线的三维面模型，采用 UTD 方法进行极高频的无源干扰计算。不考虑铁塔辅材的原因是，即使采用 UTD 方法，凭借现有的计算机硬件条件也无法完成完整建模的线路模型仿真计算。研究采用 5 基铁塔代表整条输电线路，线路位于坐标轴 x 轴上，研究垂直极化平面波以不同入射角对各种模型激励情况下，对坐标 $(0, X, 40)$ 处的雷达接收场强干扰值，其中的 X 表示雷达距离线路的水平距离为 X m，40 表示雷达距离地面高 40 m。研究所用的部分模型如图 3.35 所示，部分计算结果如图 3.36 所示，部分数据见表 3.7。

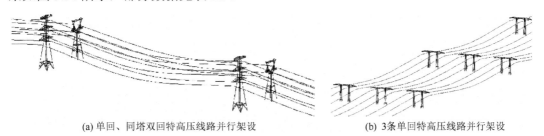

(a) 单回、同塔双回特高压线路并行架设　　　　(b) 3 条单回特高压线路并行架设

图 3.35 研究所用的各类特高压交流线路模型

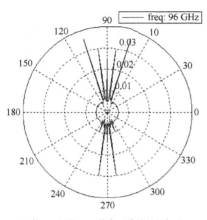
(a) 单回、同塔双回特高压线路并行架设，距离5 km，频率96 GHz，仰角2°

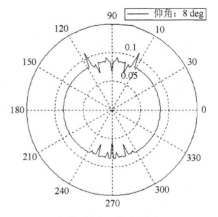
(b) 3条单回特高压线路并行架设，距离5 km，频率10 GHz，仰角8°。

图3.36 特高压线路对特种雷达站无源干扰（单位：dB）

表3.7 雷达信号最大畸变影响数值　　　　　　　　　（单位：dB）

频率	线路类型	雷达和线路模型距离			
		2 km	5 km	10 km	15 km
100 MHz	单个双回路	1.07	0.33	0.15	0.13
10 GHz		0.65	0.15	0.08	0.11
32 GHz		0.18	0.09	0.03	0.02
96 GHz		0.08	0.03	0.02	0.01
100 MHz	单双回路并行	1.73	0.76	0.41	0.38
10 GHz		0.52	0.21	0.17	0.08
32 GHz		0.26	0.07	0.07	0.02
96 GHz		0.09	0.04	0.02	0.01
100 MHz	二个单回路并行	1.23	0.71	0.49	0.48
10 GHz		0.23	0.20	0.14	0.09
32 GHz		0.09	0.13	0.02	0.04
96 GHz		0.06	0.02	0.01	0.02
100 MHz		1.21	0.69	0.35	0.44
10 GHz		0.24	0.13	0.11	0.06
32 GHz		0.17	0.11	0.07	0.03
96 GHz		0.07	0.03	0.01	0.01

注：雷达仰角2°，雷达架设高度40 m。

研究得到的特高压线路对雷达探测性能的遮蔽影响总体结论如下：

（1）在雷达工作频率相同、雷达工作仰角相同的情况下，无源干扰水平随着线路与输电线路间距的增加而减小。

（2）在雷达与输电线路间距相同、雷达工作仰角相同的情况下，无源干扰水平随着雷达工作频率的增加变化趋势不确定（计算频率点为随机选取的 15 GHz、18 GHz、32 GHz、40 GHz、92 GHz 和 96 GHz）。

（3）在雷达与输电线路间距相同、雷达工作频率相同的情况下，无源干扰水平随仰角的增加而减小，在仰角较小的时候，整个方向图的"毛刺"较多；而当仰角增大到 10°时，整个方向图比较圆滑，基本接近一个圆。

（4）在雷达与输电线路间距相同、雷达工作频率和工作仰角都相同的情况下，无源干扰水平随输电线路杆塔高度的减小而减小，相比较而言存在一个阶跃的临界点，如图 3.34 所示，如果输电线路的杆塔高度高于雷达仰角的延长线，对场强的畸变程度相对较大，如输电线路的杆塔高度低于延长线，则畸变程度快速减小。

该研究报告及对陕北—长沙特高压交流工程经过该军事基地的线路设计建议，已交付到相关单位。

3）仿真计算结果的讨论

当前，很难对高频特高压输电线路无源干扰进行试验验证，同时也尚未有确定的高频求解方法。本书针对特高压线路的铁塔角钢结构和导线圆柱体结构，采用 UTD 方法求解从理论上看是可行的，并结合实际工程问题进行了求解。然而，到目前为止，所有 UTD 的相关研究仅以两个典型问题为基础：一是电磁波在理想导电劈上的散射；另一是电磁波在理想导电圆柱体上的散射，而且在目标结构上的焦散区失效。那么，对于特高压铁塔的大量角钢混合结构来说，由于铁塔内部区域会产生多次反射场，场结构变得非常复杂，采用 UTD 求解这种复杂结构必然得到的是难以精确分析的近似解。

从 UTD 求解方法来看，各条射线场的幅度及相位都与距离有关，因此，UTD 对近距离条件下散射求解较为合适。然而，相对于激励频率达到 GHz 的特高压输电线路无源干扰问题来说，铁塔角钢的结构尺寸和导线的截面积均属于电大尺寸，同时表 3.7 中提到的雷达与线路的距离应属于电磁散射远区条件，采用 UTD 方法时，不仅要考虑到各入射波到达线路各部分时相位上的差异，而且还应计入幅度不同带来的影响。在进行雷达试验时发现，对于高频电磁波，电磁散射体的位置稍有变化，就会引起仿真模型中各射线场相位的变动，从而导致总场幅度数据变化的抖动。因此，随着雷达和线路之间距离的不同，计算得到的结果应存在一定的误差波动。

同时，对于图 3.31（a）所示的正入射和掠入射来说，现有的 UTD 解是准确的；但随着斜入射角度的增大，求解过程中边界条件对问题的约束作用下降，当大角度（＞15°）偏离正入射或者大角度偏离掠入射的斜入射情况下，UTD 解无效。那么，对于空间结构复杂的特高压铁塔来说，有的角钢平行于地面，有的角钢倾斜于地面，有的角钢凹口朝向铁塔内部，有的角钢凹口朝向铁塔外部，显然，整体模型中也必然存在一定量 UTD 解无效的角钢计算模型，从而造成整体计算结果出现偏差。显然，今后采用 UTD 对特高压输电线路无源干扰问题进行求解时，还需关注可以覆盖整个斜入射角空间的 UTD 任意劈角计算模型的研究进展。

4. 结论

采用矩量法可以较为准确地求解中短波频段的输电线路无源干扰问题，但由于计算机硬件水平的限制，对高频无源干扰无法求解。本书结合工程实际问题，提出了采用一致性几何绕射理论求解高频无源干扰近似解的思想，初步得到以下研究结果：

（1）建立铁塔、导线和地线的无源干扰面模型，采用 UTD 方法可以完成特高压线路高频无源干扰水平的数学求解，并可以定性地分析线路参数变化时对无源干扰影响的变化趋势；

（2）根据 UTD 理论，其计算结果不为严格数值解；同时，由于当前 UTD 理论中涉及的绕射场模型偏少，而输电线路结构复杂，如还缺乏地线和铁塔之间连接时的绕射场数学模型。因此，采用该方法只能近似求解无源干扰水平。

参 考 文 献

[1] 何国瑜，卢才成，洪家才，等. 电磁散射的计算和测量[M]. 北京：北京航空航天大学出版社，2006：104-112.

[2] 邬雄，万保权，张小武，等. 1000 kV 特高压交流同塔双回线路对无线电台站影响及防护研究[R]. 武汉：国网电力科学研究院，2008.

[3] 中华人民共和国国家广播电影电视总局，水利电力部.GB 7495—1987 架空电力线路与调幅广播收音台的防护间距[S]. 北京：中国标准出版社，1987.

[4] LIU J，ZHAO Z B，CUI X，et al. Analysis of passive interference on radio station from UHVDC power transmission lines in short-wave frequency[C]. IEEE EMC 2007：71-74.

[5] ZHANG X W，TANG J，ZHANG H G，et al. Reradiation interference computation model of high voltage transmission line to the shortwave radio direction finding station[C]. 20 th International Zurich Symposium on Electromagnetic Compatibility，Zurich，Switzerland：IEEE Electromagnetic Compatibility，2009：309-312.

[6] RAO S M. Electromagnetic scatting and radiation of arbitrary shape surfaces by triangular patch modeling：Ph.D. Dissertation[D]. Mississippi：University of Mississippi，1980.

[7] 冯慈璋，马西奎. 工程电磁场导论[M]. 北京：高等教育出版社，2005.

[8] IEEE.IEEE Standard 1260—1996，IEEE guide on the prediction，measurement，and analysis of AM broadcast reradiation by power lines[S].New York：IEEE，Inc.，1996.

[9] TANG B，WEN Y F，ZHAO Z B，et al. Computation model of the reradiation interference protecting distance between radio station and UHV power lines[J]. IEEE Transactions on Power Delivery，2011，26（2）：1092-1100.

[10] TRUEMAN C W，KUBINA S J. Fields of complex surfaces using wire grid modelling[J].IEEE Transactions on Magnetics，1991，27（5）：4262-4267.

[11] GLISSON A W，WILTON D R. Simple and efficient numerical methods for problems of electromagnetic radiation and scattering from surface[J]. IEEE Transactions on Antennas and Propagation，1980，28（5）：1566-1573.

[12] RAO S M，Electromagnetic scatting and radiation of arbitrary shape surfaces by triangular patch modeling：Ph.D. Dissertation[D]. Mississippi：University of Mississippi，1980.

[13] LU C C，CJEW W C. Fast far-field approximation for calculating the RCS of large objects[J]. Microwave and Optical

Technology Letters,1994,7(10):466-470.
- [14] 李明之,王长清,徐承和.迭代物理光学方法（IPO）求解高频部件相互耦合问题[J].电波科学学报.1997（02）:1.
- [15] 聂在平.目标与环境电磁散射特性建模[M].北京:国防工业出版社,2009.
- [16] KELLER J B. Geometrical theory of Diffraction[J]. Journal of the Optical Society of America, 1962, 52（2）: 116-130.
- [17] KAUYOUMJIAN P G, PATHAAK P H. A uniform geometrical theory of diffraction for an edge in perfectly conducting surface[J]. Proceedings of the IEEE, 1971, 62（11）: 1448-1461.
- [18] HE G Y, LU C C, HONG J C, et al.Calculation and measurement of electromagnetic scatting[M].Beijing: Beijing University of Aeronautics and Astronautics Press, 2006: 104-112（in Chinese）.
- [19] 唐波,文远芳,张小武,等.中短波段输电线路无源干扰防护间距求解的关键问题[J].中国电机工程学报,2011,31（19）:129-137.
- [20] SIKTA F A, BURNSIDE W D, CHU T T, et al. First-order equivalent current and conner diffraction scattering from flat plate structure[J]. IEEE Trans. Antennas and Propagation, 1983, Ap-31（4）: 584-589.
- [21] LIU X F, YIN H, WU X, et al. Test and analysis on effect of high voltage transmission lines corona radio interference and scattering to GPS signal[J]. High Voltage Engineering, 2011, 37（12）: 2934-2944.

第4章

特高压输电线路无源干扰的谐振现象及其预测

4.1 无源干扰的谐振现象

输电线路无源干扰的谐振现象最早是由加拿大科学家 C.W.Trueman 和 S.J. Kubina 等人，在研究架空地线的存在对无源干扰影响时发现的，即入射电磁波频率在中波频段时，架空地线将两基铁塔连接起来，铁塔和地线对地的镜像所组成的回路会产生干扰谐振现象（输电线路无源干扰水平出现峰值）。

IEEE 在 1996 年给出的标准 *IEEE Guide on the Prediction, Measurement, and Analysis of AM Broadcast Reradiation by Power Lines*（IEEE Std 1260—1996）中，明确给出了输电线路对中波广播发射台的二次辐射计算导则和测量方法规定，认为具体的无源干扰问题可根据实际天线和线路的布局建立广播天线和铁塔细线模型，通过数学计算的方法预测其谐振频率。但该标准距今已 20 余年，且仅针对中波广播电台，提出的适用频率为 535～1705 kHz，显然并不适合应用于输电线路对其他激励源或者更高频率的测向台、导航台等无线电台站的干扰研究。当前，结合我国的特高压工程建设，显然需要一套新的适用标准。

4.2 IEEE 的谐振预测方法

4.2.1 基于半波天线的谐振频率预测

根据目前国内外研究结论，输电线路导线和激励电磁波电场方向相互垂直，因此仿真计算中均不考虑导线对计算的影响。输电线路对无线电台站无源干扰的试验和仿真计算主要是考虑铁塔成列或者铁塔和地线组成的回路。图 4.1 是 C.W.Trueman 等人研究时所用的输电线路对附近调幅广播台无源干扰仿真计算模型。模型共有 9 基铁塔，铁塔和地线等效为直线模型，两者半径分别为 3.51 m 和 0.71 m，广播天线等效为细线天线。整个模型建立在理想导体大地上。根据该模型，C.W.Trueman 等人认为多个档距组成的

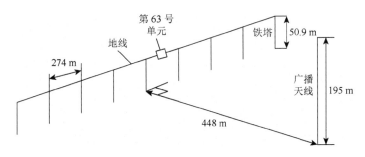

图 4.1 输电线路对中波广播台无源干扰仿真模型

输电线路可取代表档距进行计算,当铁塔和地线组成的回路长度达整数倍波长时将产生谐振现象,即回路中出现感应电流峰值,从而造成二次辐射产生峰值,干扰也相应出现极大值。

据相关的试验报告[1],IEEE 以标准的形式,正式提出了"整数倍波长回路谐振频率"、"$\lambda/4$ 谐振频率"及其推导公式,即

(1) 当铁塔和地线相连组成回路时,在调幅广播电台天线激励下的无源干扰谐振频率为

$$f_N = N \frac{1.08c}{2(2h+s)} \tag{4.1}$$

式中:f_N 为谐振频率,Hz;N 为波长的个数,$N=1,2,3,\cdots$;c 为光速;h 为杆塔高度,m;s 为档距长度,m;1.08 为经验系数。

(2) 当铁塔和地线绝缘时,即调幅广播电台天线对无地线的线路铁塔阵列模型进行激励时,可将铁塔视为垂直于地面的线天线。由天线理论可知,谐振频率主要取决于激励电磁波的波长和铁塔的高度。设垂直接地导线的铁塔的有效高为 h_a,离激励天线的距离为 d,被测来波发射台的场强为 E,则有垂直导体(铁塔)中感应的电动势为

$$E_{\text{induce}} = E \cdot h_a = \varepsilon \cdot \frac{\lambda}{2\pi} \tan(\pi l_a / \lambda) \tag{4.2}$$

式中:l_a 为垂直接地金属导体(铁塔)的高度;λ 为波长。根据半波天线理论,认为当铁塔高度达 $\lambda/4$ 时将产生谐振,也即感应电动势有最大值。

4.2.2 IEEE 预测方法的实例及其局限性

1. IEEE 提出的谐振频率与感应电流

1)输电线路无源干扰及谐振频率

无源干扰是指输电线路的金属部分在无线电信号电磁波的激励下会产生感应电流,从而被动地向空间发出二次辐射电磁波,此感应电流产生的二次辐射场及其反射电磁波与原激励电磁场相互叠加,导致原电磁场的相位与幅值发生改变。

输电线路在某频率的激励电磁波作用下,二次辐射剧烈,无源干扰水平达到极大值,该频率称为无源干扰的"谐振频率",此现象称为"无源干扰谐振"。

2)谐振频率的预测方法

IEEE 认为输电线路无源干扰谐振机理有两种情况:

(1) 当铁塔和架空地线未绝缘时,架空地线将相邻的 2 基铁塔连接起来,加上铁塔和地线对地的镜像组成"环形天线"。当"环形天线"长度等于整数倍波长时,会产生干扰谐振现象,从而对中波广播台站产生极大的干扰,该现象被称为"整数倍波长回路谐振频率"。

(2) 当铁塔和架空地线绝缘时,谐振频率主要取决于激励电磁波的波长和铁塔的高度。垂直接地的铁塔高度达到 $\lambda/4$ 时,会产生干扰谐振,该现象被称为"$\lambda/4$ 谐振频率"。

3）地线与铁塔相连时的感应电流

当铁塔和架空地线未绝缘且频率低于1.7 MHz,"环形天线"的总长度L为无线电台站工作频率波长的整数倍时,整个"环形天线"会发生干扰谐振现象,并且会在地线上出现幅值较大的感应电流,感应电流沿地线呈驻波分布,如图4.2所示。根据式(4.1),"环形天线"谐振频率计算公式为

$$f_\mathrm{N} = N\frac{1.08c}{2(h_1 + h_2 + s_1)} \tag{4.3}$$

式中：h_1、h_2为构成环形天线两个垂直接地的铁塔高度,m；s_1为相邻两基铁塔的档距,m。

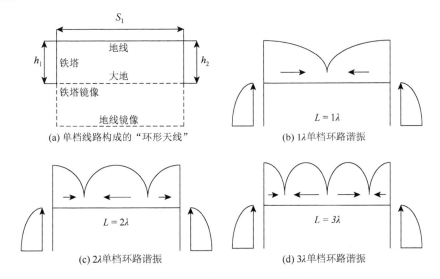

图 4.2 单档架空地线感应电流分布情况

4）无源干扰谐振的判定依据

输电线路(地线和铁塔未绝缘)对中波无线电台站发生干扰谐振的判定条件有以下两条：①观察地线驻波电流的相位变化,除在驻波的波节处相位发生180°改变外,其余处驻波电流相位随着距离变化恒定不变；②若线路为双地线,则远侧和近侧地线对应点处的驻波电流的幅值和相位基本相同。

地线感应电流符合以上两条判定条件是判断输电线路产生干扰谐振的依据。

2. 地线感应电流的计算方法

基于电磁散射理论,建立输电线路无源干扰数学模型,可得出线、面电场积分方程及对应的解法。由于输电线路各组成部分十分复杂,很难获得线路无源干扰电场积分方程的精确解,因此只能采取相关的数值方法进行求解。由于积分方程自动满足辐射边界条件,并且只需对建模后的输电线路模型进行离散,因此运用矩量法可以求解线电场积分方程。

选取脉冲基函数对感应电流进行离散展开，即对模型划分线单元网格，并得到网格单元的感应电流；选取 Dirac δ 函数为检验函数可得到 N 个方程和 N 个未知数的线性代数方程组，从而可计算各网格单元感应电流的近似解，并最终求解输电线路无源干扰问题。

3. IEEE 研究用的输电线路模型

采用 500 kV 双回输电线路 V1S 型铁塔为实例进行相关建模和计算。铁塔截面尺寸与中波波长相比很小，因此将空间桁架铁塔等效为单线模型。其中，线模型的半径取值为 3.51 m；铁塔模型中地线横担长度为 21 m，半径为 1 m，其支撑的两条地线的半径为 0.025 m，最后建立的仿真模型如图 4.3 所示。

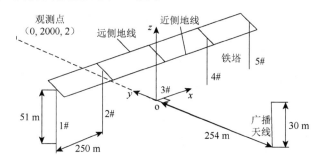

图 4.3　C.W.Truemen 在 1991 年研究中所用的输电线路模型

输电线路无线电干扰测量天线在地面 2 m 高处，观测场点距离输电线路中心线的垂直距离为 2000 m，因此取观测点坐标为 (0,2000,2)。

研究发现，若考虑大地对入射电磁波的吸收损失，即大地的电导率为有限的数值，计算得出的无源干扰水平比实际要小，同时对谐振频率的预判有一定影响；若视大地为理想导体，计算得出的无源干扰水平虽然比实际的要大，但仍可以比较准确地预测回路所对应的谐振频率。因此本书研究所用的模型均假设大地为理想电导体。

当线天线距离输电线路较近时，塔线体系各点距线天线的距离相差较大，各点入射电磁波的幅值和相位不同；而当线天线处于无穷远处时，塔线体系各点距线天线的距离近似相等，各点入射电磁波的幅值和相位几乎相同，因此可将塔线体系所接收到的电磁波视为平面波激励。

4. 线天线激励下的感应电流与干扰水平

1）地线感应电流的计算结果

对图 4.3 所示模型中的地线按照 25 m 进行线单元划分，采用矩量法计算模型中地线各部分的感应电流。IEEE 认为的 1λ、2λ、3λ、4λ 波长谐振频率分别为 460 kHz、920 kHz、1380 kHz、1840 kHz。

线天线激励下，460 kHz、920 kHz、1380 kHz 和 1840 kHz 时远、近侧地线感应电流幅值和相位随频率的变化曲线分别如图 4.4 和图 4.5 所示。

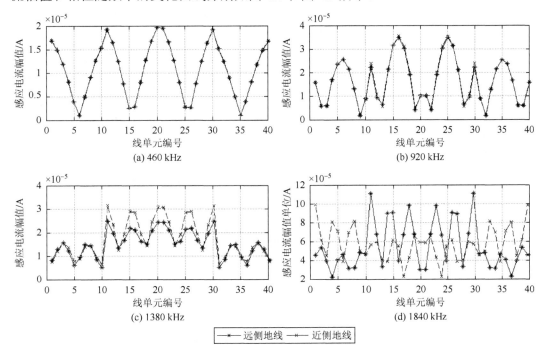

图 4.4 线天线激励下远、近侧地线感应电流幅值曲线

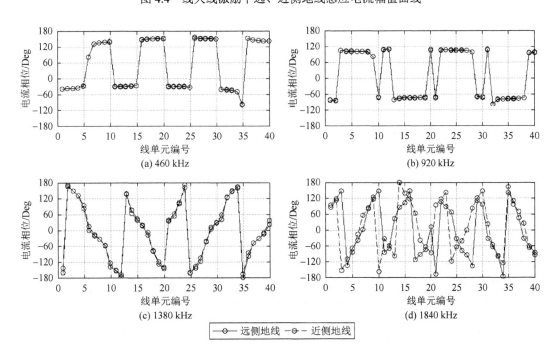

图 4.5 线天线激励下远、近侧地线感应电流相位曲线

由图 4.4 可知，频率为 460 kHz、920 kHz 时两条地线驻波电流幅值曲线重合；频率为 1380 kHz 时远、近侧地线驻波电流数值的最大差值为 0.732×10^{-5} A，但两条地线的感应电流幅值曲线的变化趋势相同；频率为 1840 kHz 时远、近侧地线驻波电流幅值曲线的数值、变化趋势均不再相同。

由图 4.5 可知，460 kHz 和 920 kHz 时驻波电流的相位除了在驻波波节处发生 180°改变外，其余各处驻波电流相位保持恒定，且两条地线感应电流相位曲线重合；频率为 1380 kHz 时远、近侧地线驻波电流的相位值非恒定，但两条地线的感应电流相位曲线重合；频率为 1840 kHz 时远、近侧地线驻波电流幅值曲线的数值和变化趋势不再相同。

2）无源干扰水平的计算结果

铁塔之间远、近侧地线感应电流幅值以及线天线馈线电流随频率的变化曲线如图 4.6 所示。随着频率的增加，线天线馈电端的电压恒为 1 V，线天线馈电电流非恒定值，地线感应电流的变化趋势由线天线馈电电流决定。

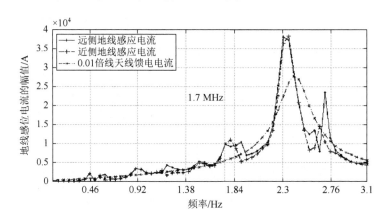

图 4.6 频率对地线感应电流及线天线馈电电流的影响

为研究无源干扰水平和地线感应电流间的关系，根据控制变量法的思想，需要将地线感应电流最大值进行归一化处理，即求解线天线馈电电流恒为 1 A 时的地线感应电流

$$A_j = \frac{\max(I_{ij})}{I_{0j}} \quad (4.4)$$

式中：$\max(I_{ij})$ 表示频率为 j 时地线上第 i 个线单元感应电流的最大值；I_{0j} 表示频率为 j 时线天线馈电电流。

为便于分析，将计算得到的无源干扰水平取绝对值。研究频率为 100 kHz～3 MHz，步长为 50 kHz，无源干扰水平随频率变化的仿真结果如图 4.7 所示。

3）地线感应电流与干扰水平极值频率分析比较

460 kHz 和 920 kHz 时地线感应电流的分布情况严格符合 IEEE 给出的判定条件；频

率为 1380 kHz 时，地线感应电流的分布情况仅符合第 2 条判定条件；频率为 1840 kHz 时，两条判定条件均不符合。这说明"整数倍波长回路谐振频率"的观点随频率增大，逐渐变得不准确。低于 1380 kHz 时，感应电流的两条判定条件均符合；超过 1380 kHz 时，感应电流的两条判定条件均不符合。

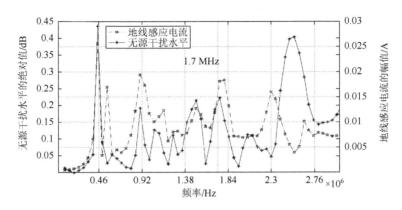

图 4.7　频率对无源干扰水平和地线感应电流的影响

根据图 4.7 可得到以下结果：

（1）当频率在 460~920 kHz 时，无源干扰水平恰好出现极大值。频率在 1380 kHz 处时未出现干扰极大值，最近的干扰极值点位于 1.5 MHz 处，与 1380 kHz 相差 120 kHz，超过谐振带宽（100 kHz）；频率超过"3 倍波长回路谐振频率"，如 1840 kHz 频率点处未出现无源干扰极值。

（2）频率低于 1.7 MHz 时，无源干扰水平的变化趋势和地线感应电流幅值的变化趋势相同，无源干扰水平达到极大值时感应电流幅值也达到极大值；当频率高于 1.7 MHz 时，无源干扰水平极值频率和感应电流的极值频点不再相同。这说明频率低于 1.7 MHz 时，无源干扰水平的主要影响因子是地线感应电流；频率超过 1.7 MHz 后，无源干扰水平的主要影响因子逐步发生改变，无源干扰谐振机理不再由感应电流决定。

4）结果分析

线天线激励下，当"环形天线"的长度等于 1λ 和 2λ 时才会发生干扰谐振现象，此点和 IEEE 认为 1.7 MHz 以下波频段内均符合"整数倍波长回路谐振频率"有所区别。结合上述研究，可认为"3 倍波长回路谐振频率"为临界频率，因此 IEEE 提出的"整数倍波长回路谐振频率"已经不适用。

结合 IEEE 标准，可认为频率 1.7 MHz 是输电线路无源干扰谐振机理发生变化的临界点。当频率低于 1.7 MHz 时，铁塔截面相对于电磁波的波长较小，铁塔细节对无源干扰的影响可以忽略不计，因此可以建立铁塔的单线模型；当频率高于 1.7 MHz 时，电磁波的波长减小，铁塔的细节对无源干扰水平的影响权重增大，不可忽略。同时，地线感应电流不再是无源干扰水平的主要影响因子，无源干扰谐振机理需要重新进行研究。

5. 平面波激励下的感应电流与干扰水平

1）地线感应电流的计算结果

铁塔可看成垂直金属接地体，因此考虑铁塔对无线电干扰最严重的情况，即采用垂直极化平面电磁波对模型施加激励。目前，我国输电线路无源干扰防护间距研究均采用垂直极化平面波进行激励，计算时采用归一化的思想，即设定激励电磁波电场强度为 1 V/m，入射角度 $\varphi = 180°$。对于图 4.3 所示的输电线路模型，仅将线天线替换为垂直极化平面电磁波即可，线单元划分和计算频率点不变。

图 4.8、图 4.9 分别为仿真计算得到的垂直极化平面波激励下，460 kHz、920 kHz、1380 kHz 和 1840 kHz 时远、近侧地线感应电流幅值和相位随频率变化的曲线。

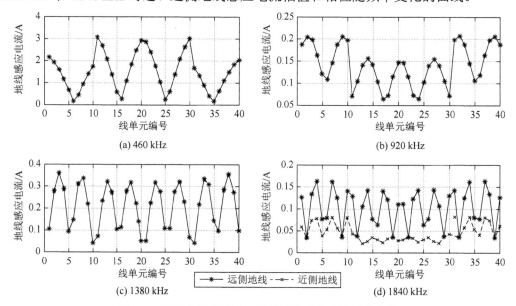

图 4.8　平面波激励下远、近侧地线感应电流幅值曲线

2）无源干扰水平的计算结果

按照 IEEE 的方法求解输电线路模型在垂直极化平面电磁波的激励下，无源干扰水平绝对值及铁塔之间地线感应电流幅值随频率的变化曲线，结果如图 4.10 所示。

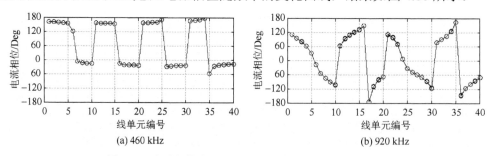

图 4.9　平面波激励下远、近侧地线感应电流相位曲线

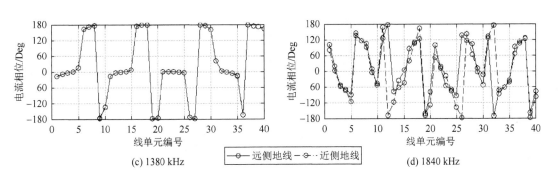

(c) 1380 kHz   远侧地线 - 近侧地线   (d) 1840 kHz

图 4.9 平面波激励下远、近侧地线感应电流相位曲线（续）

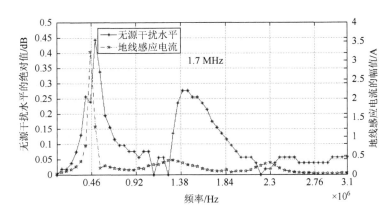

图 4.10 频率对无源干扰水平和地线感应电流的影响

3）地线感应电流与干扰水平极值频率分析比较

由图 4.8 可知，频率为 460 kHz、920 kHz 和 1380 kHz 时两条地线上的感应电流幅值曲线重合；1840 kHz 时远、近侧地线感应电流幅值曲线不再重合，两者的最大差值达到 0.12 A。

由图 4.9 可知，460 kHz 和 1380 kHz 时驻波电流的相位除了在驻波波节处发生 180°改变外，其余各处驻波电流相位保持恒定；920 kHz、1840 kHz 时整条地线的驻波电流相位非恒定值。

将上述比较结果和两条判定条件对照可知，当垂直极化平面电磁波频率为 460 kHz 和 1380 kHz 时地线感应电流的分布情况严格符合前文所述两条判定条件；频率为 920 kHz 时，地线感应电流的分布情况仅符合第两条判定条件；频率为 1840 kHz 时，地线上的感应电流不再符合两条判定条件。

分析图 4.10 可得到以下结果：

（1）当频率在 460 kHz 和 1380 kHz 时，无源干扰水平恰好出现极大值，频率 920 kHz 和 1840 MHz 处未出现干扰极大值。

（2）当频率为 460 kHz、1380 kHz 时地线感应电流达到极大值。同时发现，频率低于 1.7 MHz 时，无源干扰水平的变化趋势和地线感应电流的变化趋势相同，无源干扰水平达到极大值时相对电流也达到极大值;当频率高于 1.7 MHz 时,无源干扰水平的变化趋势和感应电流的变化趋势不再相同。

4)结果分析

当激励源为垂直极化平面电磁波时,IEEE 提出的"整数倍波长回路谐振频率"仅适用于 1λ、3λ 回路谐振频率。

此外,同样证明了频率 1.7 MHz 是输电线路无源干扰谐振机理发生变化的临界点。初步分析认为,当无线电台站的工作频率超过 1.7 MHz,比如达到短波频段或者甚高频频段,电磁波波长与线路铁塔结构尺寸的比值减小,线路铁塔可以认为是柱体天线演变为大尺寸的复杂金属结构体,其无源干扰谐振的产生可能是由于输电线路整体金属结构对入射电磁波的散射。随着激励频率、模型尺寸或观测点发生变化,输电线路无源干扰水平都有所不同,若按"整数倍波长回路谐振频率""λ/4 谐振频率"或人为确定最大干扰频率点求解防护间距,未免有些片面。

4.3 基于广义谐振理论的无源干扰谐振预测

4.3.1 广义谐振理论

在电路中,电荷和电流以及与之相联系的电场和磁场周期性地变化,同时相应的电场能和磁场能在储能元件中不断转换,这种现象称为电磁振荡。例如,在由纯电容和纯电感组成的电路中,电流的大小和方向周期性地变化,电容器极板上的电荷也周期性地变化,相应的电容内储存的电场能和感内储存的磁场能不断相互转换。由于开始时储存的电场能或磁场能既无损耗又无电源补充能量,电流和电荷的振幅都不会衰减。这种往复的电磁振荡称为自由振荡,相应的振荡频率称为电磁振荡的固有频率,相应的周期称为电磁振荡的固有周期。

若电路系统受到外界周期性的电磁激励,且激励的频率等于系统的自由振荡频率,则系统与激励源间形成电谐振。产生电磁振荡的最简单的实例是由电阻 R、电感线圈 L 和电容器 C 所组成的振荡回路,使其电容器 C 中储存的电能与电感线圈 L 中储存的磁能不断地相互转换。这种电谐振实际上也可归纳为"路谐振"。

广义电磁谐振现象则首先是从实践中发现,并向现有电磁谐振理论提出的挑战性课题。最早是西安电子科技大学在天线林立的复杂电磁环境中发现并观测到在局部区域存在类似谐振的强场峰值。它既没有明确的封闭边界,又存在于开放空间之中。特别是在实践中对它的预测和防范有着极为重要的应用价值。现代人们应用电子设备越来越多,越来越频繁,典型例子是防止手机信号在持机者的大脑中形成谐振。这又是内外空间结合,没有明确边界的谐振问题。作为人类的主要杀手之一——癌症,我们希望采用电磁或其他频段射线治疗。最好的方案是只在病灶区形成谐振并杀死癌细胞,对正常细胞则丝毫不损。这类谐振的研究又突破了一般电磁谐振的范畴。

由此可见，必须推广现有的电磁谐振概念。要严格定义广义电磁谐振必定存在诸多困难，但是根据实践中的需求牵引，如果是广义电磁谐振，那么一定会有如下特征，即所谓广义电磁谐振的工作定义。

1. 局域性

广义电磁谐振的局域性是与电磁谐振的系统性遥相对应的。在开放空间中无明确边界，在复杂电磁环境的某些区域理想化的论述甚至可以是某些点出现强场峰值可称为广义电磁谐振。换句话说，它既有频率的选择性，又有空间的选择性。

针对电磁谐振采用积分量描述，广义电磁谐振应该是采用微分量描述。例如，封闭金属矩形腔 TE_{101} 模系统谐振时有 $W_m = W_e$，电场 E 的峰值则出现在

$$\begin{cases} \max w_e \\ \min w_m \end{cases} \tag{4.5}$$

的空间位置处。式中：w_e 和 w_m 分别表示电储能密度和磁储能密度。式（4.5）至少可以表征广义电磁谐振的必要条件。显然，它是由电磁能密度即采用微分量加以表示的。

2. 非模式化

在复杂电磁环境中出现广义电磁谐振时，我们根本无法用离散化的模式加以分析。从数学本征值问题来看也十分清楚，复杂的电磁环境（包括诸多天线和极为复杂的散射体）已经使简单的有限边界条件发生了质的变化。这也造成我们无法采用现有的谐振理论和能量观点做出深入研究的重要原因。用简单化的语言来说，即广义谐振不存在"事实上"的一个"腔"（cavity）。

3. 两种品质因数

前面已经提到，广义电磁谐振可能存在两种选择性：频率选择性和空间选择性，完全可以对应地定义出两种品质因数

$$\begin{cases} Q_\omega = \dfrac{\omega_0}{2\Delta\omega} \\ Q_x = \dfrac{x_0}{2\Delta x} \end{cases} \tag{4.6}$$

式中：ω_0 和 x_0 对应谐振点；$2\Delta\omega$ 和 $2\Delta x$ 分别对应功率随频率和空间（这里假定一维空间）下降 2 dB 的点。

Q_ω 称为频率品质因数，它不仅反映谐振系统的频率选择性，而且反映广义谐振的广义损耗特性。具体有两层含义：一层是系统（或局域）内部真正的有耗特性，如导体或媒质损耗；另一层是系统（或局域）的向外泄漏特性。由此可知，即便是全部无耗的系统，也可以存在广义谐振频率 ω_0 和相应的频率品质因数 Q_ω。有时 Q_ω 很低，因为空间

的泄漏一般比较严重。值得指出的是，通常谐振中也有上述同样的情况。例如，空间中放置一个带耦合孔的封闭无耗谐振腔的情况。

Q_x 称为空间品质因数，在很多情况下，它是由复杂电磁环境的障碍物相干而形成的。因此，在一定意义上 Q_x 反映这一广义谐振形成过程中主要相干物之间的几何尺度。事实上，在谐振时场的峰值存在空间的选择性，只是在封闭腔情况下一般不特别提出这个现象和问题。

正因为广义谐振可以发生在开放空间，且没有一个明确的边界和系统，所以谐振频率 ω_0 和品质因数 Q 的研究困难大大增加，相较与通常谐振产生了质的变化。

4.3.2 特高压输电线路无源干扰的广义电磁开放系统

1. 广义电磁开放系统与无源干扰的广义电磁封闭系统

日常生活中人们会遇到很多功能各异的电气设备。这些电气设备为完成某种预期目标，其内部必须设计、安装、运行一些结构复杂的实际电路。实际电路是由蓄电池、电阻器等电路部件和集成电路、晶体管等电路器件相互连接而成的电流通路装置。电气设备所需的电能由蓄电池或交流电提供，通过绝缘导线将电能输送到负载，进而转化为光、热等不同的形式。

从电磁场的角度来看，电能的输送实际上是能量以电磁波的形式在导线上传播，即在绝缘导线周围空间逐步建立起电场 E 和磁场 H 的过程，也就是在导线周围储存能量的过程。这一过程的一条基本规律是储存在电场里的能量密度 $ED/2$ 和储存在磁场里的能量密度 $HB/2$ 彼此相等。空间各点的 E 和 H 互相垂直，并处于同一平面内，与波的传播方向也互相垂直。电能的产生、输送和分配都完成于实际电路内部，这类系统被称为电磁封闭系统。此外，金属腔、介质腔也属于电磁封闭系统，其内部空间 V 被理想金属导体（perfect electric conductor，PEC）或理想磁体（perfect magnetic conductor，PMC）包围，表面满足 $n \cdot (E \times H^*) = 0$，即腔体内部与外部空间绝缘，内部的电磁场能量不会向外部传播，外部的电磁场能量也不会对内部造成影响。

由电路理论可知，电磁封闭系统的各处节点电压、支路电流、阻抗导纳的复频率响应可以通过系统函数 $H(s)$ 快速获取，系统函数反映了电磁开放系统的本征特性。本章的研究对象为特高压输电线路及天线组成的电磁开放系统，输电线路散射场频率响应能否通过类似系统函数插值的方法快速获取，取决于该系统是否具有上述电磁封闭系统的特点。事实上，位于广域空间下的输电线路及天线系统为电磁开放系统，因为天线的辐射场和输电线路的散射场会有一部分向无穷远处空间传播。但是，假如输电线路及天线组成的系统的边界足够大，以至于没有电磁场能量通过系统边界面，此时就可以将该电磁开放系统认为是电磁封闭系统。

在 21 世纪初期，西安电子科技大学基于对飞机、舰船等大型电磁散射体的研究，将电磁封闭系统的谐振概念引申至电磁开放系统，将电磁开放系统中电磁散射在某个频率附近突然增强的现象定义为广义谐振,将电磁封闭系统的谐振腔理论拓展至电磁开放系统引入广义谐振腔理论[2-6]。由于输电线路及天线组成的电磁开放系统具有封闭系统的特点,为了区分这两种系统,同时将封闭系统的相关理论引入开放系统,也采用"广义"这一词,将输电线路及天线组成的电磁开放系统定义为广义电磁封闭系统。

但为避免产生误解,本书中除本章节外,其他地方还是以广义谐振理论为依据,不再探讨"广义电磁封闭系统",而以输电线路无源干扰"广义电磁开放系统"为描述性说法。

由上述可知,输电线路电磁散射特性的快速求解算法可以借鉴电磁封闭系统中冲击响应的求解思想。下面将从复功率平衡的角度,研究电磁封闭系统和电磁开放系统之间的内在联系,从理论上验证上述广义封闭系统等效构想的合理性。

2. 无源干扰广义电磁封闭系统的等效原理

1)电磁封闭系统的复功率平衡

电磁封闭系统的电磁场能量在其内部产生、输送和分配,外界电磁场能量对该系统不会造成影响,因此封闭系统产生的电磁场能量始终与系统储存、转换的电磁场能量保持平衡关系。电磁场能量密度等于电场能量密度加上磁场能量密度。封闭系统的电磁场能量满足能量守恒定律和能量转化定律。

Maxwell(麦克斯韦)方程的复矢量形式为

$$\nabla \times \boldsymbol{E} = -s\mu \boldsymbol{H} \tag{4.7}$$

$$\nabla \times \boldsymbol{H} = (\sigma + s\varepsilon)\boldsymbol{E} \tag{4.8}$$

式中:参数 ε、μ、σ 分别为介电常数、磁导率、电导率,三者均为空间函数,例如 $\varepsilon(x,y,z)$。

将式(4.7)和式(4.8)分别乘以磁场强度共轭值 $\boldsymbol{H}^*$ 和电场强度共轭 $\boldsymbol{E}^*$,得

$$\boldsymbol{H}^* \cdot \nabla \times \boldsymbol{E} = -s\mu \boldsymbol{H} \cdot \boldsymbol{H}^* \tag{4.9}$$

$$\boldsymbol{E}^* \cdot \nabla \times \boldsymbol{H} = \boldsymbol{E} \cdot \nabla \times \boldsymbol{H}^* = \sigma \boldsymbol{E} \cdot \boldsymbol{E}^* + s^* \varepsilon \boldsymbol{E} \cdot \boldsymbol{E}^* \tag{4.10}$$

式(4.10)减去式(4.9),引入复频率 $s = \alpha + j\omega$(α 与 ω 分别代表实部和虚部,ω 为频率),得

$$-\nabla \cdot \frac{1}{2}\boldsymbol{E} \times \boldsymbol{H}^* = \frac{1}{2}\alpha(\mu \boldsymbol{H} \cdot \boldsymbol{H}^* + \varepsilon \boldsymbol{E} \cdot \boldsymbol{E}^*) + \frac{1}{2}j\omega(\mu \boldsymbol{H} \cdot \boldsymbol{H}^* - \varepsilon \boldsymbol{E} \cdot \boldsymbol{E}^*) + \frac{1}{2}\sigma \boldsymbol{E} \cdot \boldsymbol{E}^* \tag{4.11}$$

对于如图 4.11 所示的电磁封闭系统(以导体腔为例),导体壁 S 包围的腔体体积为 V,导体壁任意点处外法线 $\boldsymbol{n}$ 与该点的切面相互垂直。根据散度定理,可以推导出如下表达式

$$-\int_S \frac{1}{2}(\boldsymbol{E} \times \boldsymbol{H}^*) \cdot \boldsymbol{n} \mathrm{d}S = 2\alpha(W_m + W_e) + j2\omega(W_m - W_e) + P_{\mathrm{loss}} \tag{4.12}$$

式中:$P_{\mathrm{loss}} = \int_V \frac{1}{2}\sigma \boldsymbol{E} \cdot \boldsymbol{E}^* \mathrm{d}V \geqslant 0$ 表示电磁封闭系统内部电磁场能量的损耗量;$W_m = \int_V \frac{1}{4}\mu \boldsymbol{H} \cdot \boldsymbol{H}^* \mathrm{d}V \geqslant 0$ 和 $W_e = \int_V \frac{1}{4}\varepsilon \boldsymbol{E} \cdot \boldsymbol{E}^* \mathrm{d}V \geqslant 0$ 分别表示储存于电磁封闭系统内部的电场能和磁场能。

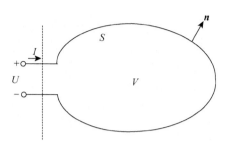

图 4.11 电磁封闭系统的积分空域 V

式（4.12）即为电磁封闭系统中的复坡印亭定理。

假设被积空域 V 的导体壁为理想导体，则导体壁处的坡印亭矢量为 $(\boldsymbol{E} \times \boldsymbol{H}^*) \cdot \boldsymbol{n} = 0$。若导体壁存在一个非常小的端口，端口上存在等效电压和等效电流，推导出下式

$$-\int_S \frac{1}{2}(\boldsymbol{E} \times \boldsymbol{H}^*) \cdot \boldsymbol{n} \mathrm{d}S = -\int_A \frac{1}{2}(\boldsymbol{E} \times \boldsymbol{H}^*) \cdot \boldsymbol{n} \mathrm{d}S = \frac{1}{2}VI^* = \frac{1}{2}|I|^2 Z = \frac{1}{2}|V|^2 Y^* \quad (4.13)$$

2）电磁开放系统的复功率平衡

电磁开放系统指的是系统中的电磁场能量可以与外界的电磁场能量进行交换的系统。如图 4.12 所示，封闭球面 S 包围的区域 V 中包含输电线路阵列铁塔和 N 组激励天线，该封闭面所包围的系统即为电磁开放系统，天线的辐射电磁能量和输电线路散射的电磁能量可以传播到系统外界。天线阵列处于区域 V_0，每组天线分别处于区域 V_i，天线表面为 S_i，其中每组天线可等效为一个单端口网络。由于天线作为激励源，天线所在区域 V_0 为有源区域。输电线路处于区域 V'，为无源区域，S' 为输电线路的表面。现在假如将 S 面扩大到无穷远处，根据下述复功率平衡公式的推导过程可知，该电磁开放系统边界面上流过的复能量流密度为零，即该系统可以等效为广义电磁封闭系统。在 $V_\infty - \sum_{i=1}^{N} V_i$ 区域中应用无源区域的复坡印亭定理，可将 $S_\infty - \sum_{i=1}^{N} S_i$ 所组成的广义电磁封闭系统中由空间场量表示的电场、磁场能量计算转化为由导体电流计算。

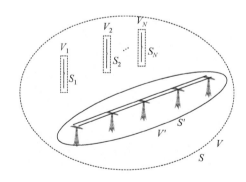

图 4.12 输电线路及天线组成的广义电磁开放系统等效图

由图 4.12 可知，根据广义谐振理论，可得不包括输电线路 V' 区域的天线系统复坡印亭定理表达式

$$-\oint_S \frac{1}{2}(\boldsymbol{E}\times\boldsymbol{H}^*)\cdot\mathrm{d}\boldsymbol{S} = 2\alpha(W_\mathrm{m}+W_\mathrm{e}) + \mathrm{j}2\omega(W_\mathrm{m}-W_\mathrm{e}) + P_\mathrm{loss} \tag{4.14}$$

式中：$P_\mathrm{loss}=\int_V \frac{1}{2}\sigma\boldsymbol{E}\cdot\boldsymbol{E}^*\mathrm{d}V\geqslant 0$ 表示电磁封闭系统内部电磁场能量的损耗量；$W_\mathrm{m}=\int_V \frac{1}{4}\mu\boldsymbol{H}\cdot\boldsymbol{H}^*\mathrm{d}V\geqslant 0$，$W_\mathrm{e}=\int_V \frac{1}{4}\varepsilon\boldsymbol{E}\cdot\boldsymbol{E}^*\mathrm{d}V\geqslant 0$，分别表示储存于电磁封闭系统内部的电场能和磁场能。

由于输电线路在整个电磁封闭系统内不主动发出电磁信号，这也是输电线路无源干扰的名称由来。天线辐射场、输电线路散射场及空间任意场点的频率相同，从而可以同样采用如式（4.14）所示的复矢量形式表示 $V-\sum_{i=1}^{N}V_i$ 的无源区域麦克斯韦方程。

假设天线是理想导体，在 V' 处 $\sigma\neq 0$，因此，可得到 $V-\sum_{i=1}^{N}V_i$ 的复能量定理表达式

$$\begin{aligned}
-&\int_S \frac{1}{2}(\boldsymbol{E}\times\boldsymbol{H}^*)\cdot\mathrm{d}\boldsymbol{S} + \sum_{i=1}^{N}\int_{S_i}\frac{1}{2}(\boldsymbol{E}\times\boldsymbol{H}^*)\cdot\mathrm{d}\boldsymbol{S}_i \\
=& 2\alpha\left(\int_{V-\sum_{i=1}^{N}V_i}\frac{1}{4}\mu\boldsymbol{H}\cdot\boldsymbol{H}^*\mathrm{d}V + \int_{V-\sum_{i=1}^{N}V_i}\frac{1}{4}\varepsilon\boldsymbol{E}\cdot\boldsymbol{E}^*\mathrm{d}V\right) \\
&+\mathrm{j}2\omega\left(\int_{V-\sum_{i=1}^{N}V_i}\frac{1}{4}\mu\boldsymbol{H}\cdot\boldsymbol{H}^*\mathrm{d}V - \int_{V-\sum_{i=1}^{N}V_i}\frac{1}{4}\varepsilon\boldsymbol{E}\cdot\boldsymbol{E}^*\mathrm{d}V\right) \\
&+\int_{V'}\frac{1}{2}\sigma\boldsymbol{E}\cdot\boldsymbol{E}^*\mathrm{d}V
\end{aligned} \tag{4.15}$$

除天线端口位置外，在 S_i 上其余点的切向电场为零，$(\boldsymbol{E}\times\boldsymbol{H}^*)\cdot\boldsymbol{n}=0$，$\boldsymbol{n}$ 为外法线方向。若天线 i 端口的等效电压为 U_i，等效电流为 I_i，可得

$$\sum_{i=1}^{N}\int_{S_i}\frac{1}{2}(\boldsymbol{E}\times\boldsymbol{H}^*)\cdot\mathrm{d}\boldsymbol{S}_i = \sum_{i=1}^{N}\frac{1}{2}U_i I_i^* \tag{4.16}$$

同时，采用复函数表达，令

$$\int_S \frac{1}{2}(\boldsymbol{E}\times\boldsymbol{H}^*)\cdot\mathrm{d}\boldsymbol{S} = \mathrm{Re}\int_S \frac{1}{2}(\boldsymbol{E}\times\boldsymbol{H}^*)\cdot\mathrm{d}\boldsymbol{S} + \mathrm{Im}\int_S \frac{1}{2}(\boldsymbol{E}\times\boldsymbol{H}^*)\cdot\mathrm{d}\boldsymbol{S} \tag{4.17}$$

将式（4.16）和（4.17）代入式（4.15），得

$$\begin{aligned}
\sum_{i=1}^{N}\frac{1}{2}U_i I_i^* =& \mathrm{Re}\int_S \frac{1}{2}(\boldsymbol{E}\times\boldsymbol{H}^*)\cdot\mathrm{d}\boldsymbol{S} + 2\alpha\left(\int_{V-\sum_{i=1}^{N}V_i}\frac{1}{4}\mu\boldsymbol{H}\cdot\boldsymbol{H}^*\mathrm{d}V + \int_{V-\sum_{i=1}^{N}V_i}\frac{1}{4}\varepsilon\boldsymbol{E}\cdot\boldsymbol{E}^*\mathrm{d}V\right) \\
&+\mathrm{j}\left[\begin{array}{l}2\omega\left(\int_{V-\sum_{i=1}^{N}V_i}\frac{1}{4}\mu\boldsymbol{H}\cdot\boldsymbol{H}^*\mathrm{d}V - \int_{V-\sum_{i=1}^{N}V_i}\frac{1}{4}\varepsilon\boldsymbol{E}\cdot\boldsymbol{E}^*\mathrm{d}V\right) \\
+\mathrm{Im}\int_S \frac{1}{2}(\boldsymbol{E}\times\boldsymbol{H}^*)\cdot\mathrm{d}\boldsymbol{S}\end{array}\right] + \int_{V'}\frac{1}{2}\sigma\boldsymbol{E}\cdot\boldsymbol{E}^*\mathrm{d}V
\end{aligned} \tag{4.18}$$

令 $P_\mathrm{rad}=\mathrm{Re}\int_S \frac{1}{2}(\boldsymbol{E}\times\boldsymbol{H}^*)\cdot\mathrm{d}\boldsymbol{S}$ 表示天线向无穷远空间的辐射损耗功率，$W_\mathrm{m}=$

$\int_{V-\sum_{i=1}^{N}V_i}\frac{1}{4}\mu\boldsymbol{H}\cdot\boldsymbol{H}^*\mathrm{d}V$，$W_\mathrm{e}=\int_{V-\sum_{i=1}^{N}V_i}\frac{1}{4}\varepsilon\boldsymbol{E}\cdot\boldsymbol{E}^*\mathrm{d}V$ 分别表示 $V-\sum_{i=1}^{N}V_i$ 区域存储的磁场能和电场能，式（4.18）可表示为

$$\sum_{i=1}^{N}\frac{1}{2}U_i I_i^* = P_\mathrm{rad} + \int_{V'}\frac{1}{2}\sigma\boldsymbol{E}\cdot\boldsymbol{E}^*\mathrm{d}V + 2\alpha(W_\mathrm{m}+W_\mathrm{e})$$
$$+\mathrm{j}\left[2\omega(W_\mathrm{m}-W_\mathrm{e})+\mathrm{Im}\int_S\frac{1}{2}(\boldsymbol{E}\times\boldsymbol{H}^*)\cdot\mathrm{d}\boldsymbol{S}\right] \quad (4.19)$$

显然，式（4.19）即为天线—输电线路系统的复功率平衡关系。

将 S 面视为一个广义端口，引入正弦电路理论的复功率概念进行类比，复坡印亭矢量的虚部可表示为

$$\mathrm{Im}\int_S\frac{1}{2}(\boldsymbol{E}\times\boldsymbol{H}^*)\cdot\mathrm{d}\boldsymbol{S}=2\omega(W_\mathrm{m}'-W_\mathrm{e}') \quad (4.20)$$

式中：W_m'、W_e' 分别表示天线系统 $\sum_{i=1}^{N}V_i$ 区域在 S 面内外交换的电场能和磁场能。

3）两类系统的等效关系

由式（4.12）可知，电磁封闭系统的激励源所产生的电磁场能量有一部分以电场能和磁场能的形式储存于电容、电感等储能元件或导体腔、介质腔体内部，一部分被系统中电阻等有耗元件吸收，转化为热量等其他形式的能量；由式（4.20）可知，在电磁开放系统中，当 $V=V_\infty$ 时，即 r_∞ 的球面所包围的体积，r_∞ 表示天线系统的远场区，由于坡印亭矢量在远场区是一个实矢量，所以 $W_\mathrm{m}'=W_\mathrm{e}'=0$。此时，天线辐射的电磁场能量一部分以电场能和磁场能的形式储存于铁塔对地电容、线路电感等内部，一部分被输电线路等有耗导体系统消耗。因此，从电磁场能量的角度，图4.12所示的电磁开放系统可视为由 S_∞ 面和 $\sum_{i=1}^{N}S_i$ 面共同组成的一个广义的封闭系统，可将处于入射电磁波激励下的线路铁塔及其大地镜像构成的多基铁塔天线阵列系统等效为复杂多端口网络，如图 4.13 所示。

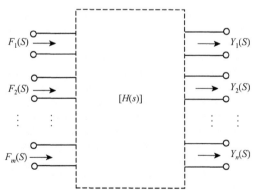

图 4.13 广义系统函数矩阵——表示开放区域的广义谐振网络

以上为广义电磁开放系统与输电线路无源干扰广义电磁封闭系统之间的等效关系，后面本书将均采用输电线路无源干扰广义电磁开放系统的描述性说法。

4.3.3 广义谐振因子及其求解

1. 基于复坡印亭定理的电磁能求解

令 $\tilde{W}_e$、$\tilde{W}_m$ 分别表示天线—输电线路系统中总的电场能和磁场能，从而可以得到

$$\tilde{W}_e = W_e + W'_e, \qquad \tilde{W}_m = W_m + W'_m \tag{4.21}$$

将式（4.20）和式（4.21）代入式（4.19），可得

$$\sum_{i=1}^{N} \frac{1}{2} U_i I_i^* = P_{\text{rad}} + 2\alpha(W_m + W_e) + \text{j}2\omega(\tilde{W}_m - \tilde{W}_e) + \int_{V'} \frac{1}{2} \sigma \boldsymbol{E} \cdot \boldsymbol{E}^* \text{d}V \tag{4.22}$$

由式（4.22）可知，在电磁开放系统中，当 $V = V_\infty$ 时，即 r_∞ 的球面所包围的体积，r_∞ 表示天线系统的远场区，由于坡印亭矢量在远场区是一个实矢量，所以 $W'_m = W'_e = 0$。此时，天线辐射的电磁场能量一部分以电场能和磁场能的形式储存于铁塔对地电容、线路电感等内部，一部分被输电线路等有耗导体系统消耗。

2. 特高压输电线路无源干扰的广义谐振因子

从电磁场能量的角度，图 4.12 所示的电磁开放系统视为由 S_∞ 面和 $\sum_{i=1}^{N} S_i$ 面共同组成的一个广义的封闭系统，可将处于入射电磁波激励下的线路铁塔及其大地镜像构成的多基铁塔天线阵列系统等效为复杂多端口网络。

将级数 $\sum_{i=1}^{N} \frac{1}{2} U_i I_i^*$ 采用矩阵形式进行表达，得

$$\sum_{i=1}^{N} \frac{1}{2} U_i I_i^* = \frac{1}{2} [I]^+ [U] \tag{4.23}$$

式中：$[\ ]^+$ 表示为共轭转置 $[*]^+$。

引入阻抗矩阵 $[Z]$，有 $[U] = [Z][I]$，则式（4.22）可变为

$$[I]^+ [Z][I] = P_{\text{rad}} + 2\alpha(W_m + W_e) + \int_{V'} \frac{1}{2} \sigma \boldsymbol{E} \cdot \boldsymbol{E}^* \text{d}V + \text{j}2\omega(\tilde{W}_m - \tilde{W}_e) \tag{4.24}$$

广义电磁开放系统发生谐振的条件为系统储存的电场能量与储存的磁场能量平衡，即满足 $\tilde{W}_m = \tilde{W}_e$，也即天线—输电线路电磁开放系统发生广义谐振的条件为 $\text{Im}([I]^+ [Z][I]) = 0$。

定义广义谐振因子为

$$\text{GRF} = \text{Im}([I]^+[Z][I]) \tag{4.25}$$

由此可以看出，通过计算广义谐振因子，可以准确预测电磁开放系统的广义谐振，广义谐振因子虚部等于 0 的点即为系统发生广义谐振的频点。显然，对于输电线路无源干扰的广义谐振，不仅与天线和输电线路系统之间所形成的系统有关，而且也与复杂的激励方式和输电线路本体负载情况有关。这也从理论上证明了在平面波激励和线天线激励下，输电线路无源干扰存在一定差异的原因。

同样可以采用等效导纳矩阵 $[Y]$ 描述的形式为

$$\text{GRF} = \text{Im}([U]^+[Y][U]) \tag{4.26}$$

输电线路广义电磁开放系统的阻抗矩阵满足

$$\begin{bmatrix} 0 \\ U_l \end{bmatrix} = \begin{bmatrix} Z_{tt} & Z_{tl} \\ Z_{lt} & Z_{ll} \end{bmatrix} \begin{bmatrix} I_t \\ I_l \end{bmatrix} \tag{4.27}$$

式中：t 表示散射体铁塔的相关量；l 表示激励源线天线的相关量；U_l 表示线天线上的激励项；分块矩阵 $[Z_{tt}]$ 表示散射体铁塔感应电流对铁塔的自作用；分块矩阵 $[Z_{tl}]$ 表示线天线电流对铁塔的作用；分块矩阵 $[Z_{lt}]$ 表示铁塔感应电流对线天线的作用；分块矩阵 $[Z_{ll}]$ 表示线天线电流对线天线的自作用，$[Z_{lt}]$ 和 $[Z_{tl}]$ 互为转置矩阵；$[I_t]$ 表示铁塔表面的感应电流；$[I_l]$ 表示线天线的电流。

4.4 广义谐振理论的进一步应用

4.4.1 MBPE 技术及其在无源干扰水平求解的应用

1. 基于 MBPE 技术的电磁开放系统的广义系统函数构建

4.3.2 节从电磁能量的角度，阐明了处于广域空间的天线、输电线路所组成的电磁开放系统能等效为图 4.13 所示的复杂多端口网络，因此可引入电磁封闭系统领域的系统函数，基于模型参数估计技术（model-based parameter estimation，MBPE）技术构建天线、输电线路所组成的广义电磁封闭系统的广义系统函数 $H(s)$，获得场域内任意位置处的场强频率响应，从而实现大尺寸散射体的高频宽带电磁散射特性的快速求解。

下面对 MBPE 技术进行简单的介绍。基于待解决问题的物理机理，MBPE 技术实现了对研究参量的智能内插外推。MB（model-based）的意思是基于事物的物理机理；PE（parameter estimation）的意思是采用抽样匹配的方法构建研究模型的参数。MBPE 技术运用 Padé 有理函数（通常采用 Padé rational function）进行插值，该有理函数的阶数较低，通过插值频段内的若干频点（或采样点）的电场、磁场、电压、电流和导纳等函数值及其导数信息，计算出插值函数的未知参数。MBPE 技术具有一定的自适应性，计算效率较高，已被成功应用于天线辐射方向图等的快速计算。它的一个非常重要的用途就是建立广域开放系统当中联系辐射和散射的广义系统函数 $H(s)$，其与电磁封闭系统函数的结构类似。通过研究广义系统函数 $H(s)$，就可以有效地分析开放系统的电磁特性。

由此可知，将电磁开放系统的广义系统函数 $H(s)$ 引入天线、输电线路所组成的电磁开放系统，是实现特高压输电线路这类电大尺寸散射体高频宽带散射特性快速求解算法的关键步骤。

1）电磁封闭系统的系统函数

在电路系统参量的快速计算中，经常采用低阶的解析公式（以下称为系统函数 $H(s)$）作为拟合模型，通过匹配在采样点上函数的多阶导数值或多个采样点上的函数值来获得其拟合模型的参数，最终实现宽频快速拟合的效果。系统函数 $H(s)$ 是冲激响应的频谱函数，它仅取决于系统本身的结构。基于信号与系统理论，系统函数 $H(s)$ 是描述系统特性的核心。$H(s)$ 的零极点与系统函数的时域和频域特性有密切的联系。对于一个线性非时变系统的动态行为，总是可以用一个 n 阶常系数微分方程式表示为

$$y^{(n)}(t) + a_{n-1}y^{(n-1)}(t) + \cdots + a_1 y'(t) + a_0 y(t)$$
$$= b_m f^{(m)}(t) + b_{m-1} f^{(m-1)}(t) + \cdots + b_1 f'(t) + b_0 f(t) \quad (4.28)$$

式中：$f(t)$ 表示输入函数；$y(t)$ 表示输出函数。

若将上式取 Laplace（拉普拉斯）变换到复频域，并假设所有的初始条件 $y^{(p)}(0^-)=0$，$p=0,1,2,\cdots,n-1$，则可得到

$$H(s) = \frac{b_0 + b_1 s + b_2 s^2 + \cdots + b_{m-1} s^{m-1} + b_m s^m}{a_0 + a_1 s + a_2 s^2 + \cdots + a_{n-1} s^{n-1} + s^n} \quad (4.29)$$

上式即为线性非时变系统的系统函数。

2）电磁开放系统的广义系统函数

在天线或散射系统的分析中，一般采用理想模型（理想电压源或电流源）激励天线或单位平面波照射散射体。这里先假设是单激励情况，如果任取远区 (θ,φ) 方向上的电场 $E_{\text{rad}}(\theta,\varphi)$ 作为输出响应函数，从时域角度来看，其对应的就是冲击响应。所以，此时的 $E_{\text{rad}}(\theta,\varphi)$ 具有系统函数的特征。应用 MBPE 技术，将其在复频域上展开成 Padé 有理函数形式，它表征天线或散射系统的本征特性。因此，基于等效原理，拟基于 MBPE 技术，发展其新的应用，即将其运用于天线——输电线路所组成的电磁开放系统中广义系统函数 $H(s)$ 的构建。

根据时变电磁场理论可知，对于激励源为正弦电压源的线天线，所发射的激励电磁波会在输电线路的金属部件表面产生与激励场强同频的正弦散射电磁波。因此，任一位置的散射场瞬时值可用余弦函数表示为

$$E(r,t) = |E(r)| \cos[\omega t + \varphi^{\text{deg}}(r)] \quad (4.30)$$

式中：$|E(r)|$ 仅为空间函数，它是余弦函数的振幅；ω 为角频率，$\omega = 2\pi f$，其中 f 为频率；$\varphi^{\text{deg}}(r)$ 为余弦函数的初始相位，它是空间的函数。

根据复矢量理论，散射场可用一个与时间无关的复数表示，计算式如下

$$\dot{E}(r) = |E(r)|e^{j\varphi^{\deg}(r)} \tag{4.31}$$

利用欧拉公式（$e^{jx} = \cos x + j\sin x$）将式（4.31）变为

$$\dot{E}(r) = |E(r)| \cdot [\cos(\varphi^{\mathrm{rad}}) + \sin(\varphi^{\mathrm{rad}}) \cdot j] \tag{4.32}$$

式中：$\varphi^{\deg}$ 表示散射场的相位，单位为：度；φ^{rad} 表示与 $\varphi^{\deg}$ 相对应的弧度值，$\varphi^{\mathrm{rad}} = (90 + \varphi^{\deg})\pi/180$。

当场点 r 的位置选定后，$|E(r)|$ 和 $\varphi^{\deg}$ 仅为频率的函数。选择低阶 Padé 有理函数作为插值函数，以 $\dot{E}$ 作为因变量，频率点所对应的复频率值 s 作为自变量，构建的输电线路散射场频率响应内插函数的形式如下：

$$H(s) = E(s) = \frac{P_m(s)}{Q_n(s)} = \frac{b_0 + b_1 s + b_2 s^2 + \cdots + b_m s^m}{a_0 + a_1 s + a_2 s^2 + \cdots + a_n s^n} \tag{4.33}$$

式中：m、n 分别为多项式 $P_m(s)$ 和 $Q_n(s)$ 的最高次数；$b_i(i=0,1,\cdots,m)$ 和 $a_j(j=0,1,\cdots,n)$ 分别表示 Padé 有理函数分子和分母多项式的系数，在系数 a_j 中，可将 a_0 或 a_n 归一化为 1，所以公式（4.33）共有 $p = m + n + 1$ 个未知复系数。$s = j\tilde{\omega}$ 代表复频率。

比较式（4.33）和式（4.29）可知，两者在数学形式上是完全一致的。为此，我们定义式（4.49）为广义系统函数 $H(s)$。从广义上来说，在理想源激励下，天线系统任意观察点的近场特性 $E_{\mathrm{near}}(s,x,y,z)$，输入导纳 $Y_{\mathrm{in}}(s)$，或电流分布 $I(s)$ 等均可作为广义系统函数。

3）广义系统函数系数的求解方法

复系数 a_j 和 b_i 的计算一般采用如下方法：

（1）基于单采样点函数的导数信息进行求解。

当被插值函数存在 P 阶可导时，该方法才能够被采用。该方法的关键步骤为对方程（4.33）进行 p 次关于 s 的微分，推导的方程为

$$\begin{aligned}
& HF = Y \\
& H'F + HF' = Y' \\
& H''F + 2H'F' + HF'' = Y'' \\
& H'''F + 3H''F' + 3H'F'' + HF''' = Y''' \\
& \cdots\cdots \\
& H^{(p)}F + pH^{(p-1)}F^{(1)} + \cdots + C_p^{p-i}H^{(i)}F^{p-i} + \cdots + HF^{(p)} = Y^{(p)}
\end{aligned} \tag{4.34}$$

式中：C_u^v 为二项式的系数，满足 $C_u^v = \dfrac{u!}{v!(u-v)!}$。

Padé 有理函数的复数信息（$p \geq m + n + 1$）包含在式（4.35）的 $p+1$ 个微分表达式内。假如插值函数仅在一个采样点处得到其导数信息，采用 $s - s_0$ 表示插值函数中的 s，将 a_0 化为 1，则插值函数展开得到的复系数可以按照如下表达式获得

$$b_0 = H_0(s_0) \tag{4.35}$$

$$\begin{bmatrix} 1 & 0 & \cdots & 0 & -H_0 & 0 & \cdots & 0 \\ 0 & 1 & \cdots & 0 & -H_1 & -H_0 & \cdots & 0 \\ \vdots & \vdots & & \vdots & \vdots & \vdots & & \vdots \\ 0 & 0 & \cdots & 1 & -H_{m-1} & -H_{m-2} & \cdots & 0 \\ 0 & 0 & \cdots & 0 & -H_m & -H_{m-1} & \cdots & 0 \\ \vdots & \vdots & & \vdots & \vdots & \vdots & & \vdots \\ 0 & 0 & \cdots & 0 & -H_{m+n+1} & -H_{m+n-2} & \cdots & -H_m \end{bmatrix} \begin{bmatrix} b_1 \\ b_2 \\ \vdots \\ b_m \\ a_1 \\ \vdots \\ a_n \end{bmatrix} = \begin{bmatrix} H_1 \\ H_2 \\ \vdots \\ H_m \\ H_{m+1} \\ \vdots \\ H_{m+n} \end{bmatrix} \quad (4.36)$$

式中：$H_m = \dfrac{H^{(m)}(s_0)}{m!}$，$H^{(m)}(s_0)$ 为插值函数位于 s_0 位置的 m 阶导数信息。

当前，电场积分方程（EFIE）的矩量法（MoM）已经被广泛应用于天线、目标散射的数值计算领域。采用矩量法的关键在于选择出合适的基函数[7]、权函数，得到的广义阻抗矩阵表达式为

$$Z(s)I(s) = V(s) \quad (4.37)$$

式中

$$Z(s) = \frac{s\mu_0}{4\pi} \iint T \iint J \frac{\exp(-sR/c)}{R} \mathrm{d}\xi' \mathrm{d}\xi + \frac{1}{4\pi\varepsilon_0 s} \iint (\nabla \cdot T) \iint (\nabla \cdot J) \frac{\exp(-sR/c)}{R} \mathrm{d}\xi' \mathrm{d}\xi$$

$$V(s) = \iint \boldsymbol{E}_i(s) \cdot T \mathrm{d}\xi$$

J 为电流密度；T 为权函数；$\boldsymbol{E}_i(s)$ 为系统的激励。

根据式（4.37），推导出关于天线、目标散射体上的电流在 s_0 的 p 阶导数

$$I^{(p)}(s_0) = Z^{-1}(s_0)\left[\frac{V^{(p)}(s_0)}{p!} - \sum_{q=0}^{p} \frac{(1-\delta_{q0})Z^{(q)}(s_0)}{q!} I^{(p-q)}(s_0)\right] \quad (4.38)$$

式中：δ_{q0} 是 Kronecker Delta（克罗内克）函数，且

$$\delta_{q0} = \begin{cases} 0 & (q \neq 0) \\ 1 & (q = 0) \end{cases} \quad (4.39)$$

假如能够在两个及以上采样点上得到相应的导数信息，那么式（4.33）就可以在更宽的频带内对函数值进行逼近，从而能够大幅降低对计算资源的需求。

（2）基于多采样的函数值信息进行求解。

若将 a_n 或 b_m 化为 1，则共有 $p = m+n+1$ 个待求系数。通过在 $p = m+n+1$ 个频率点上采样函数值，这些值可以通过理论或者试验测量得到，这里归一化 $a_n = 1$。可以得到 p 个方程，如下

$$H(s_1) = \frac{b_0 + b_1 s_1 + b_2 s_1^2 + \cdots + b_m s_1^m}{a_0 + a_1 s_1 + a_2 s_1^2 + \cdots + s_1^n} \quad (4.40)$$

$$H(s_2) = \frac{b_0 + b_1 s_2 + b_2 s_2^2 + \cdots + b_m s_2^m}{a_0 + a_1 s_2 + a_2 s_2^2 + \cdots + s_2^n} \quad (4.41)$$

......

$$H(s_m) = \frac{b_0 + b_1 s_m + b_2 s_m^2 + \cdots + b_m s_m^m}{a_0 + a_1 s_m + a_2 s_m^2 + \cdots + s_m^n} \quad (4.42)$$

……

$$H(s_p) = \frac{b_0 + b_1 s_p + b_2 s_p^2 + \cdots + b_m s_p^m}{a_0 + a_1 s_p + a_2 s_p^2 + \cdots + s_p^n} \quad (4.43)$$

将式（4.40）～式（4.43）展开，转化为矩阵方程形式

$$\begin{bmatrix} 1 & s_1 & \cdots & s_1^m & -H(s_1) & -H(s_1)s_1 & \cdots & -H(s_1)s_1^{n+1} \\ 1 & s_2 & \cdots & s_2^m & -H(s_2) & -H(s_2)s_2 & \cdots & -H(s_2)s_2^{n+1} \\ \vdots & \vdots & & \vdots & \vdots & \vdots & & \vdots \\ 1 & s_m & \cdots & s_m^m & -H(s_m) & -H(s_m)s_m & \cdots & -H(s_m)s_m^{n+1} \\ \vdots & \vdots & & \vdots & \vdots & \vdots & & \vdots \\ 1 & s_p & \cdots & s_p^m & -H(s_p) & -H(s_p)s_p & \cdots & -H(s_p)s_p^{n+1} \end{bmatrix} \begin{bmatrix} b_0 \\ b_1 \\ \vdots \\ b_m \\ a_0 \\ \vdots \\ a_{n-1} \end{bmatrix} = \begin{bmatrix} H(s_1)s_1^n \\ H(s_2)s_2^n \\ \vdots \\ H(s_m)s_m^n \\ \vdots \\ H(s_p)s_p^n \end{bmatrix} \quad (4.44)$$

通过求解式（4.44），可得到广义系统函数 $H(s)$ 的复系数 $b_i(i=0,1,\cdots,m)$ 和 $a_j(j=0,1,\cdots,n)$。在天线、输电线路所组成的电磁开放系统中，辐射远场区的电场、感应近场区的电场或磁场等参数关于频率的导数信息不容易得到，而任一观测点处各采样点对应的场强幅值和相位信息可以方便地获得。因此，采用广义系统函数对某频段的散射场频率响应进行插值拟合时，通常采用多采样点函数值匹配的方法对其频率响应进行采样逼近。

结合本书的研究对象，可以直接构建联系输电线路散射特性的广义系统函数，因此选择第二种方法，即基于多采样的函数值信息进行求解。因为 MBPE 技术具有自适应特点，在第 4 章的算例验证试验中将会发现，仅用少量的几个采样点和少量的展开阶数就能获得比较好的逼近效果。依据一致逼近原理可知，当 $m=n$ 或 $|m-n|=1$ 时，Padé 有理函数的插值误差达到最小值[3]。

2. 快速求解算法的流程

根据激励场的频率范围选择合适的输电线路数学模型，如中波频段时选择线模型，16.7 MHz 以上频段选择考虑铁塔辅材的线—面混合模型。然后，确定天线、输电线路所组成的电磁开放系统的激励源类型，如当激励源与输电线路距离较近时，选择线天线 $U(f)$ 或 $I(f)$ 激励，当距离较远时，激励源所发射的激励电磁波可被认为是垂直平面波 $E_{\text{rad}}(\theta,\varphi)$。同时，根据需要确定冲击响应的节点，如文献[8]规定的场强观测点为距离输电线路 2000 m，离地高度 2 m 的位置。选择 NEC 软件建立输电线路模型对应的电场积分方程，确定模型的网格单元尺寸。根据 IEEE 建议，按照 0.1λ 对模型进行网格划分。选择脉冲基函数和 Dorac δ 检验函数求解线电场积分方程，选择 RWG 基函数及 Galerkin 检验求解面模型的电场积分方程。

从电磁能量的角度出发，将天线、输电线路所组成的系统等效为多端口网络。基于

MBPE 技术，并结合电磁封闭系统对应的系统函数，构造出用于实现快速插值求解的广义系统函数 $H(s)$。根据一致逼近原理及工程经验，确定广义系统函数 $H(s)$ 分子、分母的阶数 m、n，其中 $m=n$ 或 $|m-n|=1$，从而获得采样频点的个数 $p=m+n+1$，采取等间隔的方式选择采样点，依据矩量法求取采样点的幅值 $|E(r)|$ 和相位 φ^{deg}。

根据多频点函数值采样匹配法及其采样点信息，计算出上述天线、输电线路所组成的电磁开放系统的广义系统函数的待求系数，进而构造出用于对研究频段内散射场进行插值的广义系统函数 $H(s)$。结合广义系统函数 $H(s)$，通过 MATLAB 软件编程，对研究频段内的散射场进行插值，从而实现特高压输电线路散射场的快速求解。算法的实现流程如图 4.14 所示。

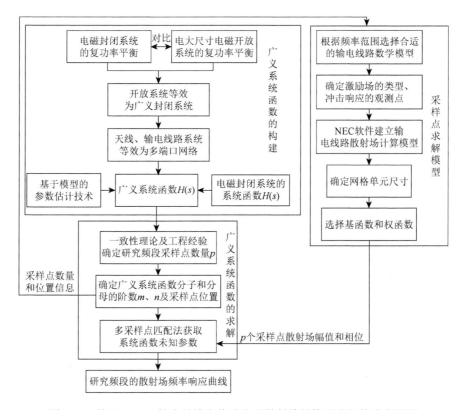

图 4.14 基于 MBPE 技术的输电线路电磁散射特性快速求解算法流程图

3. MBPE 算法在输电线路无源干扰中的具体应用

1）中波广播频段的输电线路散射场求解

（1）输电线路仿真模型的建立。

以 500 kV 双回输电线路 V1S 型铁塔为实例进行相关建模和仿真计算，铁塔模型如图 4.15 所示。

IEEE 认为 535～1705 kHz 铁塔可等效为半径 2.13～4.88 m 的线天线[1]。V1S 型铁塔

的上横担下边缘距离地面 50.9 m，铁塔底部截面为边长 8 m 的正方形，随着高度的增加边长逐渐缩短，到铁塔中部时截面边长减为 4 m，以后保持 4 m 的边长直至塔顶。由于铁塔截面尺寸与中波波长（100 m～1 km）相比很小，因此将空间桁架铁塔等效为单线模型。此时，铁塔线模型的半径取值范围如公式（4.45）所示。

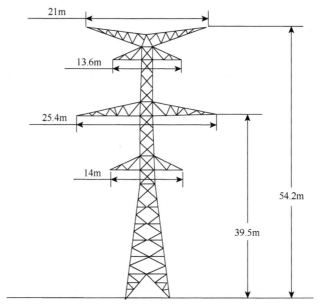

图 4.15　500 kV 双回输电线路 VIS 型铁塔尺寸

$$\frac{l_t}{\sqrt{\pi}} < r_t < \frac{2l_b}{\pi} \tag{4.45}$$

式中：l_t 为塔颈处横截面边长；l_b 为铁塔塔腿底部横截面边长，如图 4.16 所示。此处两者分别为 4 m 和 8 m，则 r_t 在 2.13 m 和 4.88 m 之间，取两者的平均值 3.51 m 作为单线模型的半径。

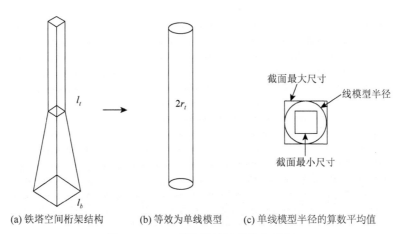

(a) 铁塔空间桁架结构　　　(b) 等效为单线模型　　　(c) 单线模型半径的算数平均值

图 4.16　VIS 型铁塔的模型简化过程

导线与铁塔通过绝缘子相连，且导线的方向与中波天线的电场极化方向垂直，因此忽略导线对散射场的影响。铁塔地线横担支撑两条平行的架空地线，为了简化模型，采用单根地线进行等效。中波频段下，两条架空地线及其地面镜像可被认为是两个传输线回路，可以通过具有等阻抗的单根地线及地面镜像所构成的传输线路表示。等效单根地线的半径和实际地线半径的关系如下

$$d_1 = \frac{2\sqrt{dh}}{\sqrt[4]{1+(2h/D)^2}} \tag{4.46}$$

式中：d_1 表示等效后的单根地线直径；d 表示实际地线的直径；D 表示两根地线悬挂点的水平距离；h 表示地线悬挂点的对地高度。由公式（4.46）可以算得等效架空地线的半径是 0.71 m。如图 4.17 所示。

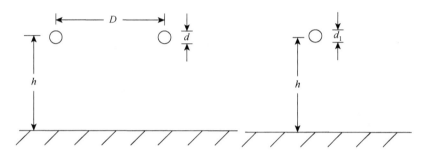

图 4.17　两根架空地线替换为单根架空地线的等效图

输电线路仿真模型由 9 基铁塔组成，档距为 274 m。假设大地为"理想电导体"，激励源为高度 195 m 的线天线，该天线位于 y 轴的负方向，且与 x 轴相距 448 m，馈电段位于地面，馈电电压 1 V。根据相关规程[9]，选取观测点 $(0,2000,2)$ 的散射场作为插值对象。如图 4.18 所示。

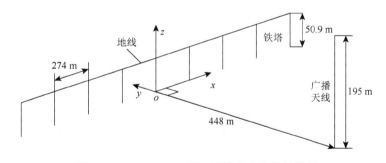

图 4.18　500 kV V1S 型双回输电线路等效模型

（2）中波广播频段散射场的计算。

应用 MBPE 技术构建如图 4.18 所示的电磁开放系统的广义系统函数 $H(s)$。此时，线天线作为输入响应函数，应用 MBPE 技术，将其在复频域上展开成 Padé 有理函数形式，它表征散射系统的本征特性。广义系统函数在构建过程中，需要从研究频段范围的

区间内选择若干频率点作为采样点，通过试验测量或数值计算得到采样点散射场的矢量表达。本节利用矩量法获得频率区间内 p 个采样点 $(s_i, \dot{E}(s_i))$，$i=1,2,\cdots,p$。

运用 MBPE 技术构建类似于式（4.33）所示的 Padé 有理函数，对频段内的输电线路散射场进行插值。根据 Padé 有理函数的定阶方法，选择分子和分母的阶数为 $L=M=8$，共有 17 个待求系数。因此，需要从中波广播频段内等间隔选择 17 个频率点作为采样点。对图 4.18 所示模型按照 0.1 倍的波长进行分段，采用矩量法计算观测点处各采样点的散射场幅值和相位，见表 4.1。

表 4.1　各采样点对应的散射场幅值和相位

频率/kHz	幅值/(μV/m)	相位/度	频率/kHz	幅值/(μV/m)	相位/度
530	1.051 854 723 9E–04	66.334	1130	4.203 709 007 5E–04	52.434
605	9.779 925 882 7E–05	–147.133	1205	1.501 452 248 2E–04	82.289
680	9.141 867 582 6E–05	–9.5757	1280	4.122 628 615 7E–05	–147.9
755	9.047 251 456 6E–05	130.576	1355	2.410 350 421 4E–05	–30.087
830	1.077 337 721 1E–04	–92.091	1430	1.589 248 423 4E–05	61.1615
905	9.543 672 298 0E–05	34.585	1505	1.922 565 248 4E–05	176.057
980	8.155 530 884 8E–05	–179.823	1580	2.246 119 635 9E–05	–81.055
1055	1.489 182 244 6E–04	–33.263	1655	1.435 106 351 6E–05	99.285
			1715	2.787 865 038 5E–05	–62.46

利用 17 个采样点的散射场幅值和相位，根据多频点函数值匹配方法求解出 Padé 有理函数的待求系数，进而获得中波广播频段内输电线路电磁散射特性的频率响应曲线。图 4.19 虚线为使用 17 阶 MBPE 技术获得的中波广播频段的散射场频率响应。

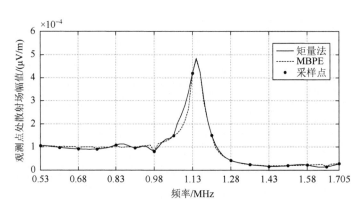

图 4.19　线天线激励下散射场的频率响应

对图 4.19 所示模型按照 0.1 倍的波长进行分段，频率间隔为 15 kHz，采用矩量法对频段内各个频点的散射场进行扫频计算，结果如图 4.19 实线所示。由图 4.19 可知，该频段内散射场的 17 阶 MBPE 内插结果与矩量法扫频结果较为一致，且可较好地反映场强频率响应变化趋势。

2）调幅广播收音台工作频段的输电线路散射场求解

（1）输电线路仿真模型的建立。

本节的仿真建模和计算选择 ±800 kV 向家坝—上海特高压直流输电线路 ZP30101 型铁塔。该型铁塔为直线杆塔，全高为 63 m，呼称高度 57 m，档距 500 m，横担宽 41.2 m，铁塔的地线支架安装有双地线，铁塔模型如图 4.20 所示。

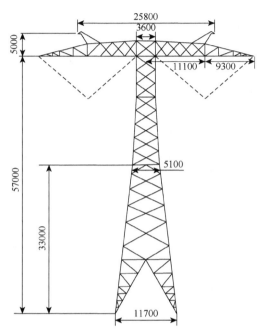

图 4.20　±800 kV 向家坝—上海特高压直流输电直线铁塔

ZP30101 型典型铁塔尺寸，单位：mm

由于研究范围扩展至高频，铁塔的空间桁架结构尺寸与激励电磁波的波长（10 m～100 m）处于相同数量级，铁塔空间桁架结构不能忽略。因此，求解更高频率的散射场问题时，需要建立更加接近铁塔实际结构的仿真模型，为了保证铁塔感应电流的连续性，有效体现角钢的局部特征，本节采用输电线路线—面混合模型，如图 4.21 所示，建立了基于三角面元的铁塔有辅材的三维面模型。选择 RWG 基函数和伽略金检验，采用矩量法计算铁塔面模型的散射场。

根据特高压直流输电线路角钢铁塔实际尺寸和连接特点，按照角钢规格为 L120 和 L150 建立角钢辅材面模型，按照角钢规格为 L200 建立角钢主材面模型，即角钢边宽分别为 12 cm、15 cm 和 20 cm。为保证模型和实际铁塔一致，建模时注意组装铁塔时的角钢凹口面向铁塔内部，且朝向地面。图 4.21 是局部放大后的铁塔塔头面模型示意图，从图中可以清晰地看出角钢的凹口都是面向铁塔内部。

±800 kV 向家坝—上海特高压直流输电线路的钢芯铝绞线类型为 6×ACSR－720/50 型，其外径等于 36.24 mm，各子导线间的分裂间距等于 450 mm。分裂导线可用等效子根导线半径 R_i 代入，计算表达式如下

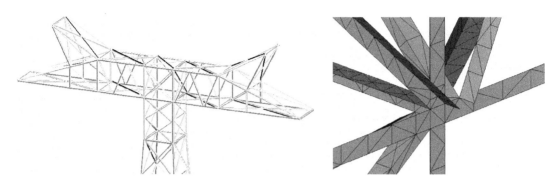

图 4.21 铁塔面模型（有辅材）塔头及节点网格示意图

$$R_i = R\sqrt[n]{\frac{nr}{R}} \qquad (4.47)$$

式中：R 表示分裂导线半径，此处 $R=0.45\,\text{m}$；n 表示子导线根数，$n=6$，r 表示子导线半径，$r=0.01812\,\text{mm}$。通过式（4.47）算得的等效半径 R_i 为 $0.3551\,\text{m}$。

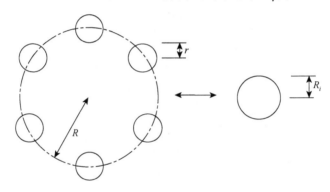

图 4.22 $6\times\text{ACSR-720/50}$ 钢芯铝绞线及其等效

由于输电线路周边存在各种功能类型相异的无线电台站，包括台站发射天线的工作频率、结构尺寸、类型均可能存在差异，造成输电线路的电磁散射特性有所不同，不可能采用某一具体的无线电台站对输电线路模型进行激励。为了解决上述问题，采用平面电磁波对输电线路模型进行激励，即假设各类台站处于无限远的位置。由于输电铁塔与地面垂直，考虑最严重的情况，即用垂直极化平面电磁波进行激励。以调幅广播收音台工作频段 $526.5\,\text{kHz}\sim26.1\,\text{MHz}$ 为例，采用垂直极化平面波进行激励，激励电场强度为 $1\,\text{V/m}$，选取观测点 $(0,2000,2)$ 的散射场作为插值对象，模型如图 4.23 所示。

（2）调幅广播收音台工作频段散射场的计算。

按照求解散射场频率响应的方法，构建类似于式（4.36）所示的 55 阶复频域 Padé 有理函数，分子和分母的阶数为 $L=M=27$，对频段内的输电线路散射场进行插值。仍然按照等间隔的方式从调幅广播收音台工作频段内等间隔选择 55 个频率点作为采样点，并利用矩量法获得频率区间内 55 个采样点（s_i，$\boldsymbol{E}(s_i)$），$i=1,2,\cdots,55$。对图 4.23 所示模型按照 0.1 倍的波长进行分段，采用矩量法计算观测点处各采样点的散射场幅值和相位，见表 4.2。

第 4 章 特高压输电线路无源干扰的谐振现象及其预测

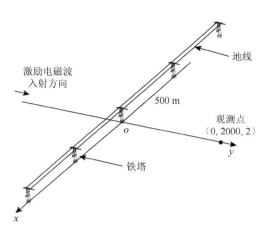

图 4.23 特高压输电线路散射场计算模型

表 4.2 各采样点对应的散射场幅值和相位

频率/MHz	幅值/(μV/m)	相位/度			
			8.5	2.100 851 984 2	101.590 382 196 2
5.3	1.840 706 324 5	−129.071 000 515	⋯	⋯	⋯
5.7	1.943 799 848 2	−8.158 783 501 6	23.7	1.950 084 445 4	−44.918 474 048 6
6.1	1.942 048 567 7	108.399 408 389 1	24.1	1.780 903 873 3	75.329 102 985 3
6.5	1.865 383 599 4	−128.914 529 841 4	24.5	1.812 909 233 8	−160.156 718 376 2
6.9	2.043 212 447 9	−7.733 030 028 7	24.9	1.865 451 645 5	−41.895 838 518 4
7.3	2.082 630 733 2	106.886 540 178 2	25.3	1.792 335 257 2	78.264 977 865 1
7.7	1.974 688 065 5	−133.973 759 164 3	25.7	1.887 004 481 5	−157.974 881 003 5
8.1	2.063 149 161 1	−12.942 611 128 6	26.1	2.026 728 324 7	−40.890 208 338 4

利用 55 个采样点的散射场幅值和相位，根据多频点函数值匹配方法求解出 Padé 有理函数的待求系数，进而获得中波广播频段内输电线路散射场的插值结果。图 4.24 虚线为使用 55 阶 MBPE 技术获得的调幅广播收音频段的散射场频率响应。

对于图 4.23 所示模型，按照 0.1 倍的波长进行分段，激励电磁波的频率间隔为 0.1 MHz，采用矩量法对研究频段内各频率点的散射场进行扫频计算，结果如图 4.24 实线所示。从图 4.24 可以看出，虽然频带宽度增加，场强频率响应趋势变得复杂，但 MBPE 内插结果仍可以很好地反映散射场频率响应变化趋势。不过该算例的插值偏差有一定增加。

3）偏差分析

根据偏差的定义，偏差是测量值与参考值的差值。借用全局平均绝对误差、全局极值最大相对误差的概念对 MBPE 插值结果与矩量法数值计算结果（参考值）进行偏差分析。

全局平均绝对偏差计算式为

$$\text{mad} = \frac{\sum_{i=1}^{N} \left| E_i - E_i^* \right|}{N} \tag{4.48}$$

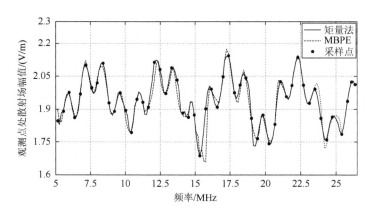

图 4.24 垂直极化平面波激励下散射场的频率响应

式中：E_i 表示第 i 个频率对应散射场的 MBPE 内插结果；E_i^* 表示第 i 个频率对应散射场的矩量法计算结果。

全局极值最大相对偏差计算式为

$$e_r = \frac{\Delta_{\max}}{E_j^*} \times 100\% \tag{4.49}$$

式中：$\Delta_{\max}$ 表示全局极值最大绝对偏差，计算公式为 $\Delta_{\max} = \max\limits_{j \in J} \left| E_j - E_j^* \right|$；$E_j$ 表示第 j 个极值点对应散射场的 MBPE 内插结果；E_j^* 表示第 j 个极值点对应散射场的矩量法计算结果；J 表示所有极值点所构成的集合。

中波广播频段与调幅广播频段算例的全局平均绝对偏差和全局极值最大相对偏差见表 4.3。

表 4.3 全局平均绝对偏差和全局极值最大相对偏差比较

算例	mad/(V/m)	Δmax/(V/m)	er/%
中波广播频段	$0.272\,8 \times 10^{-11}$	0.017×10^{-11}	0.035 3
调幅广播频段	0.030 46	0.067 42	3.996

矩量法与 MBPE 技术之间的偏差产生原因分析如下：

（1）矩量法的误差。

现有研究[9]表明，采用矩量法的无源干扰水平计算误差均小于 0.1 dBV/m 的允许限值，因此，虽矩量法结果存在一定的误差，但其计算结果仍可作为参考，可用于分析 MBPE 内插结果。

（2）MBPE 技术的误差。

输电线路任一源点处的感应电流不仅受到激励电磁波频率和该源点空间位置的影响，还要受到周围其余源点散射场的影响。因此，在全频段计算输电线路散射场时,感应电流 J 应该是频率 f 和源点 r' 的函数。输电线路任一源点 r'_j 处的感应电流 J 可表示为

$$J(f, r'_j) = \sum_{i=1, i \neq j}^{N} E_i(R_{ij}) \exp[-\mathrm{j}2\pi f t_i(R_{ij})] \quad (4.50)$$

式中:$E_i(R_{ij})$ 表示 r'_i 处感应电流在 r'_j 处的散射场,$R_{ij} = r'_j - r'_i$;t_i 为 r'_i 处散射场到达 r'_j 的相对时间延迟,即感应电流随激励频率的改变在发生变化。

而采用 MBPE 技术,要求式(4.50)中的 $E_i(R_{ij})$ 相对于频率为定值,因此不能完全反应感应电流的物理机理,从而造成 MBPE 内插结果产生一定误差。简化物理机理引起的误差应该是 MBPE 技术误差的主要来源。

(3)舍入误差。

整个过程需要一定的计算量,误差也会相应积累。数值计算误差在整个误差源中权重很小。

(4)计算量分析。

算法自身的质量优劣将直接影响到算法甚至程序的计算效率,为了方便衡量不同算法在获得特高压输电线路散射特性时所对应的计算效率,本节引入计算复杂度的概念。计算复杂度是当前评价算法效率(计算量)的重要指标,该指标对应于算法执行过程中所需要消耗的内存资源。一般情况下,算法中基本操作重复执行的次数是问题规模 n 的某个函数,用 $T(n)$ 表示,若有某个辅助函数 $f(n)$,使得当 n 趋近无穷大时,$T(n)/f(n)$ 的极限值为不等于零的常数,则称 $f(n)$ 是 $T(n)$ 的同量级函数,记作 $T(n) = O(f(n))$。

从计算量方面考虑,运用矩量法将电场积分方程进行离散,逐一建立扫频区间内各频点对应的满元矩阵方程。若将未知函数 $J(r')$ 离散成 N 个基函数,选择合适的检验函数进行检验,则所需计算机的存储量为 $O(N^2)$。如果用高斯消元法来求解矩阵方程,那么计算量为 $O(N^3)$。根据 NEC 软件的建议,在采用矩量法求解时,剖分单元的边长为 0.1 倍波长。随着频率的增加,研究用的输电线路模型更为复杂,网格划分更为离散,造成计算量的陡增。例如,调幅广播算例中,当激励电磁波为 10 MHz,即波长为 30 m 时,输电线路模型按照 3 m 边长划分网格,共划分为 2848(约等于 2.8×10^3)个网格,计算机所需计算量为 $O(2.2 \times 10^{10})$。该算例必须矩量法的步骤重复 263 次才能得到散射场频率响应。

相比之下,MBPE 技术仅依靠矩量法获得的若干采样点的散射场函数值信息,就可以构建 Padé 有理函数,对区间内其余频率点的散射场进行内插。与采用矩量法求解采样点信息所需时间相比,构造内插函数的计算量可以忽略不计。

本书中波广播频段与调幅广播频段算例中,分别采用矩量法和 MBPE 技术所需计算量对比见表 4.4。显然,后者的计算量取决于采样点的数目,通常采样点的数目远小于矩量法扫频计算的频点数目。因此,为获得同一区间的散射场频率响应,MBPE 技术的算量相比于矩量法大为减小,明显地提高了计算效率。

表 4.4 两种解法所用计算量比较

编号	频点数 N		计算量	
	矩量法	MBPE	矩量法	MBPE
中波广播频段	80	17	O（8.4×108）	O（1.7×108）
调幅广播频段	263	55	O（5.8×1012）	O（1.0×1012）

4.4.2 自适应采样点算法的应用

1. MBPE 技术的进一步探讨

1）采样点的数量选择

MBPE 技术主要利用若干采样点的函数信息或导数信息构造出一个涵盖采样点附近一定频率范围（或称"展开半径"）信息的 Padé 有理函数，根据该有理函数就可以方便地计算出所有采样点展开半径范围内的信息。因此，采样点数量影响了插值结果的准确性。

若选取的采样点过少，所有采样点的展开半径不能够完全涵盖整个频率区间，内插曲线不能准确地反映散射场频率响应的变化趋势、极值点等，误差随之增大。例如，中波广播频段的算例，如果等间隔选择 7 个采样点（约 1/100 倍的扫频点数目），利用 $m=3, n=3$ 阶 Padé 有理函数进行插值，频率响应如图 4.25 所示，虽能较好反映场强频率响应特性，相应的全局平均绝对偏差为 0.5277×10^{-11} V/m，但是全局极值最大相对偏差为 81.482%，相比于 17 个采样点的插值偏差显著增大。而选取的采样点过多，一方面会造成存储和计算量增大，降低 MBPE 内插的效率；另一方面会导致矩阵阶数过大，造成逆矩阵不精确或出现奇异等。如何确定最优的采样点数量，今后还需要进一步研究。

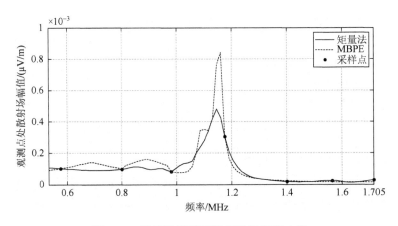

图 4.25 线天线激励下散射场的频率响应

2）采样点的位置选择

采用 MBPE 技术，对于相同问题中，不同位置处的采样点，展开半径不同；而对于不同问题中，相同位置处的采样点，展开半径可能也不相等。显然，采样点位于频率响应变化剧烈处的展开半径应小于变化平缓处采样点的展开半径。因此，场强极值附近的采样点理论上应该比平缓区域更密集。比如 1）中算例，在采样点数量也为 7 个的情况下，将场强极值处的采样点人为加密，频率响应如图 4.26 所示，全局平均绝对偏差为 0.3014×10^{-11} V/m，而全局极值最大相对偏差为 0.0251%，插值结果误差相比于 1）中算例显著降低。因此，采样点位置也会对插值结果的准确性造成影响。

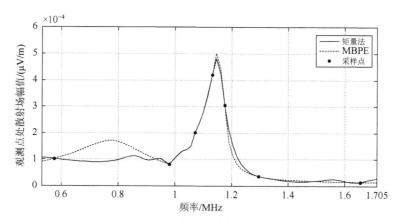

图 4.26 线天线激励下散射场的频率响应

由上述分析可知，MBPE 技术对采样点位置的要求比较苛刻，只有选择的采样点位置最优，才能获得比较精确的频率响应。而实际工程中，事先无法确定合适的采样点，因此，中波广播频段和调幅广播频段算例均采用等间隔采样的方法。该方法为保证插值精度，自然会考虑对宽频带内的采样点进行加密，虽然最终获得了频段内的散射场频率响应，但是也导致一些多余采样点的产生。

在毫无经验的情况下，如何达到采样点数量最优和位置最优的双目标，已成为 MBPE 技术领域的难点问题之一。针对该问题，有学者提出了一种自适应采样算法[12]，但该算法存在搜索效率较低、不适合并行运算等问题。为此，可考虑对自适应采样算法进行改进，采用并行搜索的方法，每次增加两个采样点对相应的频率区间进行插值，直至最大相对残差达到精度要求。但是，若采用这种方法，采样点数量将相应增加，且新增采样点的信息也需通过矩量法进行求解；同时，当散射场变化复杂时，容易出现高阶复矩阵无法求逆。因此，该问题尚需进一步探讨。

3）分段插值的影响

当前，尚无成熟的采样点最优化选择方法。在较宽频段或对复杂频率响应曲线进行有理插值时，为取得较高的精度就需要较多的采样点，从而导致矩阵 A 的阶数过大，影响逆矩阵 A^{-1} 的结果精度，甚至出现奇异矩阵。例如，调幅广播算例算例共有 55 个采样点，产生 55 阶复矩阵的求逆运算，A^{-1} 的结果精度不高，导致内插结果误差增大。

针对上述问题，引入分段内插的思想，即将较宽频段等分为若干相邻的小段，在每个小段内构建低阶 Padé 有理函数，这样就能避免出现高阶矩阵。是否采用分段插值并不会改变采样点数量，因此，分段插值不会降低计算效率。针对调幅广播算例，等间隔选择 55 个频率点，将频段等分为 5 小段，利用每小段的 11 个采样点进行分段插值。选择 $m=5,n=5$ 阶有理内插对每小段进行内插，每小段对应 1 个 11 阶复矩阵的求逆运算。将每小段的内插结果按照分段前的顺序进行拼接，整个频段的插值结果如图 4.27 所示。整个宽频带内，分段插值采样点数量与调幅广播算例相同，采用矩量法求解采样点信息所需计算量均为 $O（1.0×10^{12}）$，分段插值并不会降低计算效率。

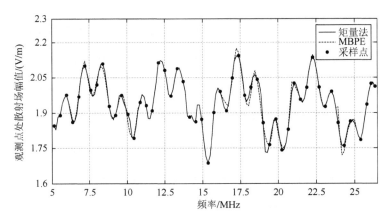

图 4.27　垂直极化平面波激励下散射场的频率响应

由图 4.27 可知，内插结果与矩量法计算结果相吻合较好，全局平均绝对偏差为 0.019 14 V/m，全局极值最大相对偏差为 2.39%。显然，分段插值能有效提高结果精度，为避免逆矩阵精度过低提供了一种解决办法，但计算过程较为复杂。

2. 自适应算法

MBPE 技术从本质上来说就是运用一组数据来构造出一个降阶参数模型（匹配模型），其中参数模型的构造需要与物理模型相结合。在完成模型后，就可以运用这个参数模型来得到需要分析的感兴趣点数据，当然，各个点的数据精确度不是一成不变的，其与模型样式、已有点信息等有关。初始采样点的信息可以通过解析法、其他精确解法或是电磁仿真方法获得。降阶参数模型主要有两个方面的运用，一个是对采样的相关数据运用内插和外推的方法进行处理；另一个是可以将复杂的数学表达式简单化，将实际解用满足条件的近似解来代替。正因为匹配模型的简单性与可拓展性，MBPE 技术在电磁领域的仿真、分析、设计中被大量使用。但是改进的自适应采样方法融合了传统自适应采样和基于 Fisher（费希尔）信息矩阵的自适应采样，能否将改进的自适应采样用于 MBPE 技术也是需要探讨的问题。

传统自适应采样算法原理如式（4.51）所示，该算法在循环步骤之前需要定义一个相对残差，同时需要根据已知采样点信息构建插值函数。显然定义一个残差公式在 MBPE 技术中很容易实现，但是构建怎样的插值函数是需要进行探讨的。

$$E_k(x) = \frac{|Y_k(x) - Y_{k-1}(x)|^2}{(|1 + Y_k(x)|^2)} \tag{4.51}$$

解决上述问题需要从 MBPE 技术的本质有理分式入手。对于一个变量为 x 的解析函数 $f(x)$，令 $f(x) \in C[a,b]$，由有理函数插值法的原理可知，在 $[a,b]$ 上 $f(x)$ 用有理分式表示为

$$f(x) = \frac{N_m(x)}{D_n(x)} = \frac{\sum_{s=0}^{m} a_s x_s}{\sum_{l=0}^{n} b_l x_l} \tag{4.52}$$

式中：m、n 分别为分子阶数、分母阶数；$N_m(x)$ 与 $D_n(x)$ 不可约，同时在区间 $[a,b]$ 内，$D_n(x) \neq 0$。在 $f(x)$ 中有 $m+n+1$ 个未知量（b_0 可以任意取值），未知量的自由度为 $t = m+n+1$ 个。

因此只要对 $f(x)$ 采取 t 次采样，得到 t 个采样点组 $(x_i, f(x_i))$ $(i=1,2,\cdots,t)$ 就可以确定有理分式 $f(x)$，而待求问题就可以用有理分式 $f(x)$ 近似来表示。

依据 Thiele（蒂勒）连分式的概念，令 k 次采样后，式（4.53）的 Thiele 连分式的表达形式为

$$\begin{aligned} f_k(x) &= f(x_0) + \cfrac{x - x_0}{f^{-1}[x_0, x_1] + \cfrac{x - x_1}{f^{-1}[x_0, x_1, x_2] + \cdots + \cfrac{x - x_{k-1}}{f^{-1}[x_0, x_1, x_2, \cdots, x_{k-1}, x_k]}}} \\ &= f(x_0) + \sum_{i=1}^{k} \frac{x - x_i}{f^{-1}[x_0, x_1, x_2, \cdots, x_{i-1}, x_i]} \end{aligned} \tag{4.53}$$

根据式（4.53），x_i 包含所有的采样点，依次求解每一阶的反差商，自此有理函数 $f(x)$ 的分子 $N_m(x)$ 与分母 $D_n(x)$ 就能够确定为

$$\begin{cases} N_0(x) = f(x_0) \\ N_1(x) = f^{-1}[x_0, x_1] \cdot N_0(x) + (x_1 - x_0) \\ N_k(x) = f^{-1}[x_0, \cdots, x_{k-1}, x_k] \cdot N_{k-1}(x) + (x_1 - x_{k-1}) \cdot N_{k-2}(x) \\ k = 2, 3, \cdots, t \end{cases} \tag{4.54}$$

$$\begin{cases} D_0(x) = 1 \\ D_1(x) = f^{-1}[x_0, x_1] \\ D_k(x) = f^{-1}[x_0, \cdots, x_{k-1}, x_k] \cdot D_{k-1}(x) + (x - x_{k-1}) \cdot D_{k-2}(x) \\ k = 2, 3, \cdots, t \end{cases} \tag{4.55}$$

依据 k 个采样点，确定有理插值采样函数 $f_k(x)$ 为

$$f_k(x) = \frac{N_k(x)}{D_k(x)}, \quad (k = 0,1,\cdots,t) \tag{4.56}$$

在所求区间 $[a,b]$ 内任一点的函数值都可以通过式（4.56）来近似求解。

由帕德逼近的精度可知，MBPE 技术下帕德逼近的近似 2 阶导数可以达到 4 阶精度，由于传统自适应采样仅仅负责初始采样部分，选取的采样点数目不会很多，进行矩阵计算时基本不会出现奇异，同时函数阶数不高所以该步骤的计算量并不多。因此可以直接将 MBPE 技术下的插值函数作为采样的插值函数进行比较，将插值函数代入残差公式取最大值点作为下一个采样点。

进一步将传统自适应采样应用于输电线路无源干扰领域：输电线路中计算电磁散射包含的信息量有频率，散射场幅值。这些正好与自适应采样方法中的变量一一对应，输电线路中的频率对应采样中规定的采样区间，散射场幅值对应采样需要得到的实际值。在实际计算中，可以通过矩量法等一些传统算法得到特定点的散射场幅值等相关信息，随后运用自适应采样算法得到需要的采样点位置，这些采样点的获得通过原先算法得到。由于不需要完整算出一个频段内许多点的散射场信息，因此使用传统算法并不会耗费过多计算机资源，在得到所有采样点信息后，运用 MBPE 技术就能得到该频段的拟合结果。

Fisher 信息矩阵源于概率理论，信息矩阵下的 Fisher 信息量的含义为：对数似然的函数和全部分布参数导数之间的方差。一般使用各频率点的信息矩阵对信息量进行分析处理，从而为人们进行信息决策提供依据。其能否运用到 MBPE 技术也是需要考虑的问题。

根据 Fisher 信息矩阵原理：令参数模型为 $f(w,o)$，其中 Θ 是参数模型中包含的参数组，而频率点 w 处的实际采样值是 $O(w)$，频率点 w 处的计算误差可以表示成

$$e = e(w,\Theta) = O(w) - f(w,\Theta) = e_r(w,\Theta) + je_I(w,\Theta) \tag{4.57}$$

那么概率密度函数可表示为

$$P(e,w,\Theta) = P(e_R,w,\Theta)P(e_I,w,\Theta)$$
$$= \sqrt{\frac{\beta}{2\pi}} \exp\left(-\frac{1}{2}\beta e_R^2\right) \exp\left(-\frac{1}{2}\beta e_I^2\right) \tag{4.58}$$

式中：β 是噪声方差的倒数（为非零正数），其值对信息矩阵的求取影响一般忽略不计，根据经验可以取 0.02。

信息矩阵 K 与参数模型存在的系数中是相互关联的，频点 w_n 处 K 的第 (i,j) 个元素 K_{ij} 能够用式（4.59）来表示

$$K_n(i,j) = \int p(e,w_n,\Theta) \frac{\partial \ln p(e,w_n,\Theta)}{\partial \Theta_i} \frac{\partial \ln p(e,w_n,\Theta)}{\partial \Theta_j} de_R de_I \tag{4.59}$$

代入可得

$$K_n = \beta \operatorname{Re}\{[\nabla_\Theta f(w_n,\Theta)][\nabla_\Theta f(w_n,\Theta)]^H\} \quad (4.60)$$

式中：H 的含义是共轭转置；Re 的含义是复数取实部。

前 N 个采样点组成的总 Fisher 信息矩阵 K_T^N 的含义为各个采样点的信息矩阵 K_n 的集合，可表示为

$$K_T^N = \sum_{n=1}^{N} K_n \quad (4.61)$$

那么包含前 N 个采样点的总信息量 q^N 可以表示为

$$q^N = \left|K_T^N\right| = \left|\sum_{n=1}^{N} K_n\right| \quad (4.62)$$

自适应采样可以理解为寻求一组含有最大信息量的采样频率点，使用这些频率点进行参数模型的参数计算，来令得到的参数模型满足实际的散射场频率响应。这个问题相当于已知 N 个采样点求解下一个包括最大信息量的采样点。可令

$$F = [F_R, F_I] = [\operatorname{Re}\{\nabla_\Theta f(w_{N+1},\Theta)\}, \operatorname{Im}\{\nabla_\Theta f(w_{N+1},\Theta)\}] \quad (4.63)$$

那么 $N+1$ 个采样点包含的所有信息量 q^{N+1} 为

$$q^{N+1} = \left|K_T^{N+1}\right| = \left|K_T^N + K_{N+1}\right| = \left|K_T^N\right|\left|I + \beta F^T (K_T^N)^{-1} F\right| \quad (4.64)$$

式中：I 表示 2*2 的单位矩阵。

第 $N+1$ 个频率点的信息增量 δq^{N+1} 表示为

$$\delta q^{N+1} = \ln q^{N+1} - \ln q^N = \ln\left|I + \beta F^T (K_T^N)^{-1} F\right| \quad (4.65)$$

自适应频率选取的最终目标就是要选出令 δq^{N+1} 最大的频率点 w_{N+1}，即

$$w_{N+1} = \arg_w \max \delta q^{N+1}(w) \quad (4.66)$$

可以看到 Fisher 信息矩阵是通过构造具有参数模型的信息矩阵来对所有需要研究的采样点进行信息量大小的计算，目的就是对采样点进行分类，即信息矩阵可以通过 MBPE 技术的参数模型得到，因此 Fisher 信息矩阵可以应用于 MBPE 技术中。

具体在输电线路无源干扰拟合计算条件下，根据输电线路无源干扰定义可知，输电线路无源干扰的求解实际上是对散射场的求解。从散射中心的角度出发，输电线路在自由空间中的频域散射场 $E(\omega,r)$ 可以表示为

$$E(\omega,r) = \sum_{m=1}^{\infty} A_m(\omega,r) \exp(-j\omega t_m) \quad (4.67)$$

式中：ω 为角频率；$A_m(\omega,r)$ 表示和角频率相关的第 m 个散射中心的复幅度；r 从远距离观测点与源点之间的距离矢量，t_m 为第 m 个散射中心与观测点之间的时延。

式（4.67）中的复幅度项 $A_m(\omega,r)$ 可转化为

$$A_m(\omega,r) = A_m(r)\exp(\gamma_m\omega) \quad (4.68)$$

将式（4.66）和式（4.67）进行合并同时进行变换，可以得到

$$O(\omega_n) = \sum_m^M (a_m + jb_m)\exp(j\omega_n(c_m + jd_m)) + e(n) \quad (4.69)$$

式中：ω_n 表示第 n 个角频率；$O(\omega_n)$ 表示角频率 ω_n 处的实际采样值；$e(n)$ 为参数模型计算值何实际采样值之间的误差，$\Theta = \{a_1, b_1, c_1, d_1, \cdots, a_M, b_M, c_M, d_M\}$ 为参数模型的参数组（共有 $4\times M$ 个参数），M 表示波前数。这里进行了近似处理，令场点和源点距离矢量 r 是不变的。角频率 ω 是系统参数，在式（4.69）中是可以改变的。

通过一组频率采样数据 $(\omega_n, O(\omega_n))_{n=1,\cdots,N}$ 我们可以用帕德逼近计算得到参数模型的参数值。因此 Fisher 信息矩阵完全可以运用在输电线路无源干扰拟合求解计算之中。

根据上文推导的结果，改进后的自适应采样方法如下：

第一步，在采样区间 $[x_0, x_1]$ 内任意选择第三个采样点 x_2，一般选择区间中点。这样 $Y_1(x)$ 可通过采样点 $[x_0, y_0]$ 和 $[x_2, y_2]$ 获得，而 $Y_2(x)$ 则通过采样点 $[x_0, y_0]$、$[x_1, y_1]$ 和 $[x_2, y_2]$ 获得。

第二步，选取区间 $[x_0, x_2]$，使用式（4.67）计算出 $E_2(x)$，那么最新的采样点 x_3 则选在 $E_2(x)$ 可以得到的最大值处，这样做的原因是可以尽可能地减少采样点数目，区间 $[x_1, x_2]$ 内采样点由于不符合精度要求则被舍弃。

第三步，重复进行第二步直到整个区间 $[x_0, x_1]$ 的 $E_k(x)$ 都符合 $E_k(x) < tol$ 结束循环。

第四步，将已得采样点组合首末采样点并入到采样点组 P 中。

第五步，根据 MBPE 技术，用已有的采样点组进行帕德逼近求解拟合函数 $Z(1)$。再根据拟合函数以自定义的采样频率计算各个感兴趣频率点的值。

第六步，根据先前算的拟合函数计算 Fisher 信息矩阵。

第七步，根据信息矩阵计算各感兴趣频率点的信息增量，找出信息增量最大的频率点。

第八步，计算信息增量最大点处的真实值，加入采样点组 P。

第九步，用增加的采样点组求解新的拟合函数 $Z(2)$。

第十步，比较两次拟合函数最大误差，当误差小于设定误差则停止采样并输出所有采样点，不满足则以 $Z(2)$ 更新 $Z(1)$ 并转到第五步继续循环，直到满足精度要求，停止迭代。

经过分析，改进后的自适应采样算法可以应用在 MBPE 技术之中，同时其运用在输电线路无源干扰拟合计算也不存在任何问题。自适应采样算法运用在输电线路计算的流程图如图 4.28 所示。

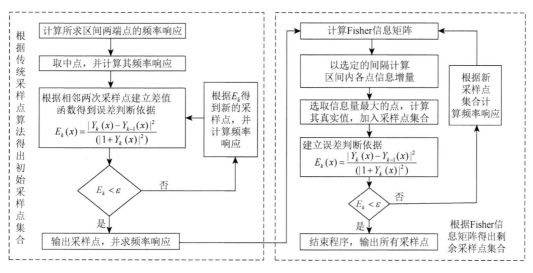

图 4.28 采用自适应算法的无源干扰 MBPE 拟合算法流程图

参 考 文 献

[1] TRUEMAN C W,KUBINA S J. Numerical computation of the reradiation from power lines at MF frequencies[J]. IEEE Transactions on Broadcasting,1981,27（2）：39-45
[2] 李龙,梁昌洪,史琰. 多天线系统的广义谐振研究[J]. 电子学报,2003,31（12）：2205-2209.
[3] 李龙,刘海霞,史琰,等. 电磁开放系统谐振行为的广义系统函数研究[J]. 中国科学,2005,35（10）：1096-1110.
[4] 金谋平,梁昌洪,史小卫. 多导体开放系统广义谐振传输线分析. 电波科学学报,2000,15（1）：123-125.
[5] 褚庆昕,梁昌洪. 广义 Foster 定理[J]. 西安电子科技大学学报,1995,22（4）：435-438.
[6] 金谋平,梁昌洪,史小卫.多导线散射中的广义谐振分析[J].电波科学学报,2001,6（3）：315-317.
[7] International Special Committee on Radio Interference. Radio interference characteristics of overhead power lines and high-voltage equipment,Part I：Description of Phenomena[M]. CISPR Publication 18-3,America,1982.
[8] 国家电网公司.DL/T 691-1999 高压架空送电线路无线电干扰计算方法[S].北京：中国标准出版社,1999.
[9] TRUEMAN C W,KUBINA S J. Power line tower models above 1 000 kHz in the standard broadcast band[J].IEEE Trans. on Broadcasting,1990,36（3）：207-218.
[10] 杜红梅,陈明生,吴先良.目标宽带电磁散射特性的自适应分析[J]. 物理学报,2012,61（9）：1-5.

第5章

特高压输电线路无源干扰的
测量方法与实例

5.1 缩比模型的理论基础

缩比模型法是在天线研究和新天线设计时经常使用的一种模拟方法，由于模型的形状与被研究天线完全相似，尺寸按某一比例进行缩小，激励模型的源波长与被研究天线的波长相比也要按同一比例缩小，这样就使长度与波长之比保持不变，于是就可认为模型天线与被研究天线在工作波长下有相同的电参数和特性，测量模型天线的参数就能够得到被研究天线的性能。

缩比模型法的理论基础是麦克斯韦方程

$$\begin{cases} \nabla \times \boldsymbol{E} + \mu \dfrac{\partial \boldsymbol{H}}{\partial t} = 0 \\ \nabla \times \boldsymbol{H} - \varepsilon \dfrac{\partial \boldsymbol{E}}{\partial t} - \sigma \boldsymbol{E} = 0 \end{cases} \tag{5.1}$$

在方程中矢量 $\boldsymbol{E}$ 和 $\boldsymbol{H}$，电导率 σ，坐标 x、y、z 和时间 t 都用 SI 单位制，我们引入一新单位制，假设新单位制中场矢量 $\boldsymbol{E}_1$ 和 $\boldsymbol{H}_1$，电导率 σ_1，坐标 x_1、y_1、z_1 和时间 t_1 与 SI 单位制中各量间有如下的换算关系：

$$\boldsymbol{E} = e\boldsymbol{E}_1, \quad \boldsymbol{H} = e\boldsymbol{H}_1, \quad \sigma = \sigma_k \sigma_1, \quad t = t_k t_1, \quad x = kx_1, \quad y = ky_1, \quad z = kz_1$$

将这些关系式代入式（5.1）并考虑到旋度的线性，于是有

$$\begin{cases} \nabla \times \boldsymbol{E}_1 + \dfrac{kh}{t_k e} \mu \dfrac{\partial \boldsymbol{H}_1}{\partial t_1} = 0 \\ \nabla \times \boldsymbol{H}_1 - \dfrac{ke}{t_k h} \varepsilon \dfrac{\partial \boldsymbol{E}_1}{\partial t_1} - \sigma_k k \dfrac{e}{h} \sigma_1 \boldsymbol{E}_1 = 0 \end{cases} \tag{5.2}$$

若

$$\dfrac{kh}{t_k e} = \dfrac{ke}{t_k h} = \sigma_k k \dfrac{e}{h} = 1 \tag{5.3}$$

则式（5.2）可写成与式（5.1）相同的形式，于是有

$$\begin{cases} \nabla \times \boldsymbol{E}_1 + \mu \dfrac{\partial \boldsymbol{H}_1}{\partial t_1} = 0 \\ \nabla \times \boldsymbol{H}_1 - \varepsilon \dfrac{\partial \boldsymbol{E}_1}{\partial t_1} - \sigma_1 \boldsymbol{E}_1 = 0 \end{cases} \tag{5.4}$$

式（5.1）和式（5.4）表明，实际情况下的空间场量和缩比模型试验的模拟场近似。对于远场，波阻抗在不同单位制条件下保持恒定，即

$$\dfrac{E}{H} = \dfrac{E_1}{H_1}$$

所以

代入式（5.1），要使式（5.1）成立，则有

$$e = h$$

$$\frac{1}{t_k} = k, \quad \sigma_k = \frac{1}{k} \tag{5.5}$$

如果目标结构尺寸缩小 k 倍，为保证缩比模型和实际目标之间空间场量的相似性，首先需要按照式（5.5）的要求，将计算时间单位缩小 k 倍。若是天线或激励电磁波，则相当于将馈电周期降低 k 倍，或者激励电磁波频率增大 k 倍，最后按照式（5.5），将目标材料的电导率增加 k 倍。

5.2 基于缩比模型的无源干扰测量方法

5.2.1 测量场地

电波暗室是进行电磁兼容性测试试验的主要场地，主要组成结构分为屏蔽室和吸波材料。屏蔽室由屏蔽壳体、屏蔽门、通风波导窗及各类电源滤波器等组成；吸波材料由工作频率在 30~1000 MHz 的单层铁氧体片以及锥形含碳海绵吸波材料构成，锥形含碳海绵吸波材料是由聚氨酯泡沫塑料在碳胶溶液中渗透而成，具有较好的阻燃特性。

电波暗室的尺寸和射频吸波材料的选用主要由受试设备（EUT）的外行尺寸和测试要求确定，分 1 m 法、3 m 法或 10 m 法。

电波暗室通常对于辐射试验来说，测试场地分为三种，分别是全电波暗室、半电波暗室和开阔场。在这三种测试场地中进行的辐射试验一般都可以认为符合电磁波在自由空间中的传播规律。

1. 全电波暗室

全电波暗室减小了外界电磁波信号对测试信号的干扰，同时电磁波吸波材料可以减小由于墙壁和天花板的反射对测试结果造成的多径效应影响，适用于发射、灵敏度和抗扰度试验。实际使用中，如果屏蔽体的屏蔽效能能够达到 80~140 dB，那么对于外界环境的干扰就可以忽略不计，在全电波暗室中可以模拟自由空间的情况。同其他两种测试场地相比，全电波暗室的地面、天花板和墙壁反射最小、受外界环境干扰最小，并且不受外界天气的影响。它的缺点在于受成本制约，测试空间有限。典型全波暗室如图 5.1 所示。

2. 半电波暗室

半电波暗室与全电波暗室类似，也是一个经过屏蔽设计的六面盒体，在其内部覆盖有电磁波吸波材料，不同之处在于半电波暗室使用导电地板，不覆盖吸波材料。半电波

图 5.1　典型全波暗室

暗室模拟理想的开阔场情况,即场地具有一个无限大的良好的导电地平面。在半电波暗室中,地面没有覆盖吸波材料,因此将产生反射路径,这样接收天线接收到的信号将是直射路径和反射路径信号的总和。典型半波暗室如图 5.2 所示。

图 5.2　典型半波暗室

3. 开阔场

开阔场是平坦、空旷、电导率均匀良好、无任何反射物的椭圆形或圆形试验场地,理想的开阔场地面具有良好的导电性,面积无限大,接收天线接收到的信号将是直射路径和反射路径信号的总和。但在实际应用中,虽然可以获得良好的地面传导率,但是开阔场的面积却是有限的,因此可能造成发射天线与接收天线之间的相位差。在发射测试中,开阔场的使用和半电波暗室相同。典型开阔场示意图如图 5.3 所示。

图 5.3 典型开阔场示意图

5.2.2 测量用仪器

1. 测量接收机

1）仪器介绍

电磁干扰（electromagnetic interference，EMI）接收机也叫电磁干扰测量仪，是电磁兼容性测试中应用最广、最基本的测量仪器。该装置集天线与接收机为一体，可以对空间场强进行测试，用以测量空间的无用或有害的相关干扰信号；与此同时，也可以测量空间电台、电视台发出的有用无线电信号的场强。

2）工作原理

EMI 接收机测量信号时，先将仪器调谐于某个测量频率 f_i，该频率经高频衰减器和高频放大器后进入混频器，与本地振荡器的频率 f_1 混频，产生很多混频信号。经过中频滤波器后仅得到中频 $f_0 = f_1 - f_i$。中频信号经中频衰减器、中频放大器后由包络检波器进行检波，滤去中频，得到低频信号 $A(t)$。对 $A(t)$ 再进一步进行加权检波，根据需要选择检波器，得到 $A(t)$ 的峰值、有效值、平均值或准峰值。这些值经低频放大后可推动电表指示或在数码管屏幕显示出来。

EMI 接收机测量的是输入到其端口的信号电压，为测场强或干扰电流需借助一个换能器，在其转换系数的帮助下，将测到的端口电压变换成场强、电流或功率。换能器依测量对象的不同可以是天线、电流探头、功率吸收钳或电源阻抗稳定网络等。

3）EMI 接收机国内外介绍

国内生产 EMI 测量仪器的生产厂只有杭州伏达和北京无线电二厂等少数几家。国外也只集中在少数几家公司如德国的 R&S（罗德与施瓦茨）公司、美国的依顿公司、泰克公司等。这些仪器大多较贵，尤其是国外的。国内的虽然相对便宜，但是性能指标较国外的有相当大的差距，而且更重要的是国际上电磁兼容认证一般只承认德国 R&S 公司生产的 EMI 仪器，我国电磁兼容认证也如此。

作为全球电磁兼容测试技术和设备的市场主导者,R&S 公司可设计和提供遵循各种电磁兼容(electromagnetic compatibility,EMC)标准的交钥匙系统,确保用户能得到一个先进、放心和称心的 EMC 试验室。国内主要 EMC 试验室均采用 R&S 公司的 EMC 测试系统。典型 R&S 如图 5.4 所示。

图 5.4　R&S SMB 100A 接收设备

2. 测量天线和附件

1)八木天线

八木天线有很好的方向性,较偶极天线有高的增益。用它来测向、远距离通信效果特别好。如果再配上仰角和方位旋转控制装置,更可以随心所欲与包括空间飞行器在内的各个方向上的电台联络,这种效果从直立天线上是得不到的。八木定向天线的单元数越多,其增益越高,通常采用 6~12 单元的八木定向天线,其增益可达 10~15 dB。典型的八木天线如图 5.5 所示。

图 5.5　八木天线

2）锥形天线

锥形天线是一类典型的宽频带全向天线，包括双锥天线等结构的天线。

双锥天线由两个锥顶相对的圆锥体组成，在锥顶馈电。圆锥可以用金属面、金属线或金属网构成。正像笼形天线一样，由于天线的断面积增大，天线频带也随之加宽。双锥形天线主要用于超短波接收。锥角大的双锥天线，或由它演变而成的盘锥天线，属于宽带天线之列，它们在 VHF 频段都获得了广泛的应用。有限长的双锥天线能很好地满足方向图、增益及驻波等指标要求，还有一个很大的优势是结构简单，易于加工，耐功率性能也很好，体积和重量均不大，易于安装、拆卸和运输，有很高的工程

图 5.6 SAS-545 型双锥形天线

实用价值。型号为 SAS-545 的双锥形天线如图 5.6 所示。

3）喇叭天线

喇叭天线是面天线，波导管终端渐变张开的圆形或矩形截面的微波天线，是使用最广泛的一类微波天线。它的辐射场是由喇叭的口面尺寸与传播型所决定的。其中，喇叭壁对辐射的影响可以利用几何绕射的原理来进行计算。如果喇叭的长度保持不变，口面尺寸与二次方相位差会随着喇叭张角的增大而增大，但是增益不会随着口面尺寸变化。若需要扩展喇叭的频带，则需要减小喇叭颈部与口面处的反射；反射会随着口面尺寸加大反而减小。喇叭天线的结构比较简单，方向图也比较简单而容易控制，一般作为中等方向性天线。频带宽、副瓣低和效率高的抛物反射面喇叭天线常用于微波中继通信。宽带双脊喇叭天线如图 5.7 所示。

4）功率放大器

射频功率放大器的主要功能是放大射频信号，并且以高效率输出大功率为目的。它主要应用于各种无线电发射机中。射频功率放大器的输出功率范围，可以小到便携式发射机的毫瓦级，大到无线电广播电台的几十千瓦，甚至兆瓦级。射频信号的功率放大，其实质是在输入射频信号的控制下将电源功率转换成高频功率，因此除要求射频功率放大器产生符合要求的高频功率外，还应要求其具有尽可能高的转换效率。TST7912 功率放大器如图 5.8 所示。

图 5.7 宽带双脊喇叭天线

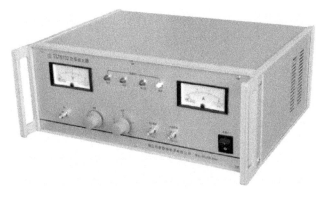

图 5.8 TST7912 功率放大器

5）射频电缆

射频电缆是传输射频范围内电磁能量的电缆，是各种无线电通信系统及电子设备中不可缺少的元件，在无线通信与广播、电视、雷达、导航、计算机及仪表等方面广泛应用。典型的射频电缆及接头如图 5.9 所示。

6）天线支架

AEH-510 定制天线支架如图 5.10 所示，可与锥形天线配合使用。

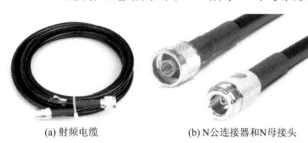

(a) 射频电缆　　(b) N公连接器和N母接头

图 5.9　射频电缆及接头

图 5.10　AEH-510 型天线三角支架

5.3　测量示例及分析

5.3.1　北京康西草原无源干扰缩比模型试验

1. 特高压交流双回输电线路无源干扰试验概述

原国网武汉高压研究院 2007 年年底在北京康西草原上进行了输电线路无源干扰缩比模型试验[1]。该次试验正值秋冬季节，试验场地四周较为空旷，且地面上无过高的草木遮挡，测量数据较为稳定，可作为仿真计算结果验证的试验支撑数据。试验对特高压交流双回输电线路鼓形塔模型进行试验测量。铁塔全高 108 m，塔头横担长度从上到下分别为 30 m、36 m 和 33 m，横担高度差分别 22 m 和 20 m，适用电压等级 1000 kV，采用八分裂导线，分裂间距 400 mm，导线型号为 LGJ-500/35，地线型号为 JLB20A-185，两根地线相距 33 m，线路档距 530 m，平均呼称高度 56 m，导线对地平均高度 28 m，绝缘子串长 12 m。

试验采用"缩比模型方法"，即铁塔模型及线路其他相关尺寸缩小到实际尺寸的 1/30，信号频率提高 30 倍，即保证激励电磁波的波长与输电线路的尺寸同比例缩小，从而保证输电线路无源干扰不变。试验时，原国网武汉高压研究院采用的铁塔模型为 1/30 的缩比模型，导线和地线采用截面积 1 mm^2 的铜线，导线分裂数不变，杆塔底部通过铜线与大地相连。

2. 试验步骤及试验结果

试验设备布局和试验线路模型如图 5.11 所示，从图 5.11（b）中可以看出试验模拟的输电线路共四基铁塔缩比模型，并悬挂导线和地线。试验所用天线为定向天线，若移动则可能造成方向的改变，因此试验时不移动发射天线与接收天线而移动铁塔模型，两天线之间相距 100 m。测试内容有：①发射天线不工作时的空间背景噪声；②发射天线工作，且发射天线和接收天线间的传输路径上无任何障碍物时，接收天线的测试数据；③将四基铁塔模型组成的线路缩比模型置于发射天线和接受天线之间，固定两种天线的位置，移动线路模型，测量不同距离发射天线工作时接收天线的读数。天线及信号发生器分别为：瑞士Schaffner（沙夫纳）公司生产的 2023 型信号发生器和 CBL6140A 型辐射天线，瑞士Schaffner公司产的 SCR3502 型电磁干扰测试接收机和国产 ZN30505A 型双锥天线。

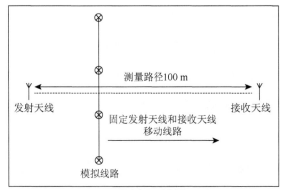

(a) 试验布局示意图　　　(b) 试验所用的输电线路缩比模型

图 5.11　试验布局及铁塔模型

3. 试验结果与仿真计算的对比分析

采用本书提出的输电线路无源干扰线—面混合模型建模时，考虑到算例采用的是不加辅材的铁塔线模型进行计算，因此研究也采用不加辅材的铁塔面模型。按照试验研究所用的输电线路尺寸，对特高压同塔双回交流输电线路建模如图 5.12 所示。

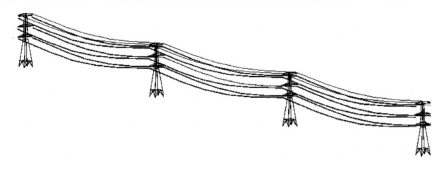

图 5.12　特高压同塔双回交流输电线路无源干扰仿真模型（包括分裂导线和地线）

建模后，仿真计算结果与试验数据结果比较见表 5.1。从表 5.1 可以看出，在频率低于 16.7 MHz 时，输电线路线模型和输电线路线—面混合模型计算得到的结果与试验数据均吻合较好，而且线模型和线—面混合模型计算值均相差很小，这表明在 16.7 MHz 以下频率，铁塔采用用线模型或面模型均可。在频率等于 16.7 MHz 时，50 m 处的线模型计算结果开始出现大于 0.1 dB 的偏差，但线—面混合模型和试验数据吻合较好；在频率超过 16.7 MHz 后，线模型计算数据开始和实测值区别加大，且偏差无规律，时大时小，但线—面模型仍然和试验数据吻合较好。

表 5.1　线模型、线—面混合模型与试验数据比较　　　　（单位：dBV/m）

试验模型与发射天线距离/m	项目		频率/MHz				
			11.7	13.3	16.7	20.0	26.7
50	测量值		−0.4	−0.6	−0.3	−0.9	−0.7
	线模型	计算值	−0.34	−0.57	−0.42	−0.75	−0.6
		偏差	0.06	0.03	0.12	0.15	0.1
	线—面混合模型	计算值	−0.35	−0.57	−0.37	−0.83	−0.64
		偏差	0.05	0.03	0.07	0.07	0.06
70	测量值		−0.3	−0.6	−0.2	−0.3	−0.9
	线模型	计算值	−0.32	−0.54	−0.28	−0.76	−0.43
		偏差	0.02	0.06	0.08	0.46	0.47
	线—面混合模型	计算值	−0.32	−0.56	−0.26	−0.39	−0.79
		偏差	0.02	0.04	0.06	0.09	0.11

注：根据误差和偏差的定义[2-5]，误差为测量值与真实值的差值，偏差是测量值与参考值的差值。借用误差的分类，即模型误差、观测误差、截断误差和舍入误差的概念对仿真计算值（参考值）与试验测量值之间的偏差进行分析。

1）测量值的误差分析

a. 模型误差

由于不可能直接对实际输电线路无源干扰进行测量，因此，试验时采用的是线路缩比模型。这种缩比模型必然和实际的输电线路有所区别，如铁塔缩模型没有考虑辅材，忽略了线路上的各种线路金具，如地线线夹、导线线夹、悬垂串挂环等。同时，四基铁塔模型也无法模拟整条输电线路。

另外，电磁场计算中的缩比模型[6-10]对应的麦克斯韦方程组中的矢量 E 和 H，电导率 σ，坐标 x、y、z 和时间 t 换算到缩比模型对应的麦克斯韦方程组中的 E_1、H_1、σ_1、x_1、y_1、z_1 和 t_1 时，有相应的换算关系：

$$E = eE_1, \quad H = hH_1, \quad \sigma = \sigma_k \sigma_1, \quad t = t_k t_1, \quad x = kx_1, \quad y = ky_1, \quad z = kz_1 \quad (5.6)$$

式中：k 为缩比模型相对于目标模型缩小的倍数。为保证目标模型和缩比模型的电磁场不变，可推导出

$$t_k = 1/k, \quad \sigma_k = k \tag{5.7}$$

显然，为保证缩比模型能反映真实的场强情况，则必须保证尺寸缩小 k 倍，电磁波的频率也增大 k 倍，同时缩比模型的电导率也应该是输电铁塔电导率的 k 倍。对于本试验中用到的 1/30 缩比模型来说，保证激励电磁波频率增大 30 倍可以做到，但很难确保缩比模型的电导率正好是铁塔角钢电导率的 30 倍。该试验中，铁塔缩比模型全部采用紫铜制作。

b. 观测误差

试验中的无源干扰数值通过 SCR3502 型电磁干扰测试接收机观测读数获取，本身存在着仪器精度的问题，该仪器精度为 0.1 dB。且由于外界噪声干扰，测量数据存在波动，试验时选取的是平均值作为参考依据，从而造成测量数据本身存在着误差。如在 20.0 MHz，当没有铁塔模型时，测量值在 7.6～7.8 dB 范围内波动，取平均值为 7.7 dB；当有铁塔模型时，测量值在 6.7～6.9 dB 范围内波动，取平均值为 6.8 dB，如此计算得到缩比模型的无源干扰测量值为 –0.9 dB。

2）计算值误差

a. 模型误差

仿真模型根据实际铁塔结构进行建模，为和缩比模型对应一致，采用四基铁塔代表整条线路，也不考虑铁塔辅材的影响，并忽略了线路中的各类金具。同时，建模时，设大地为理想电导体，铁塔与大地良好接地，这种理想化的处理使仿真模型无法完全模拟实际线路的无源干扰。

b. 截断误差

在仿真计算中，采用矩量法对铁塔表面的感应电流进行离散。从理论看，对于输电线路无源干扰的电磁场积分方程离散时的单元数取无限大，可以准确得到感应电流数值，但实际上离散单元数必须取有限值。

对于线模型来说，模型按照 0.1λ 划分单元，即对于 λ 长度的线天线上承载的电流可表示为十个脉冲基函数之和，这显然造成了线单元中的电流值和实际情况不同，造成截断误差。特别是当频率增大到一定程度后，由于波长减小，划分出的线单元长度更小，造成线单元长径比过小，直接影响线模型计算的准确度。见表 5.1，在 16.7 MHz 频率点处，70 m 处的测量值和线模型计算值误差已超过 0.1 dB；超过 16.7 MHz 后，误差已无变化趋势可言。

对于面模型来说，三角面元按照边长 0.1λ 对模型进行划分，这也影响到了拟合实际电流值的精度，造成截断误差。同样也是虽说积分采样点越多，精度越高，但这直接影响到了计算速度，因此，也造成了截断误差。

c. 舍入误差

仿真计算采用计算机计算完成，计算时，每个数据在计算机内都有一定的位数，在每一步计算中，都会存在误差。

从表 5.1 可以看出，随着频率的增大，线—面混合模型的偏差也明显开始增大。根据前述分析，考虑到计算所用的线—面混合模型没有对铁塔辅材建模，因此随着频率增高，铁塔辅材对干扰影响趋于明显，从而造成干扰增大。

若以原国网武汉高压研究院提出的 0.1 dB 为误差允许值，采用线—面混合模型计算无源干扰可以用于 16.7 MHz 以上频率；当频率达到甚高频（30 MHz）以上时，建议采用考虑铁塔辅材的输电线路无源干扰线—面混合模型。然而，随着频率增加，必然要求模型考虑更多的细节，从而又带来了面模型计算量巨大的不足，因此，建议在输电线路无源干扰防护计算中，可先使用简化的模型确定干扰最大的频率点和入射波方向，再使用完整建模的面模型精确计算最大干扰数值。

5.3.2 对短波无线电测向台（站）影响测试试验

2011 年 5 月，编者与某研究所一起在成都开展了"垂直接地体无源干扰对短波无线电测向台（站）影响"测试试验，主要通过场地测试评估垂直接地体对短波无线电测向性能的影响。

1. 试验内容

本次试验采用自发短波信号通过垂直接地体（钢柱）到达测向机进行测向。具体实施方案为，选择总参谋部自制某型移动式测向机，在标准场地获得各方位测向准确度指标，然后将该测向机放置在垂直接地导体附近，变换信号源、钢柱与测向机的相对位置（距离和方位角），在不同频率下，用测向机测量信号源的入射角度，并与真实方位角相比较，计算出不同频率、方位、距离的测向误差值。通过比较标准场地准确度指标与现场测试的测向误差值，来判断垂直接地导体对测向机的影响程度。

现场测试场地的选取遵循地势开阔平坦、背景噪声较低、无其他有源、无源干扰物（如村庄、河流、高等级公路、高大的树林等），尽量排除其他各种因素对短波无线电测向机的影响，容易到达等原则。选择新津机场作为本次试验的场地。

垂直接地体采用直径 16 cm，高度为 8 m 的钢柱体。

2. 试验步骤及试验结果

1）单根钢柱体的测向干扰

在 2011 年 5 月 12 日，进行了单根钢柱体的接地与不接地测向试验。测试系统布置如图 5.13 所示。测向天线布置于场地固定的转台上，固定发射天线对测向天线之间的角度为 90°，对测向天线进行全频段（3～25 MHz）激励，频率按 1 MHz 为间隔，测试每个频率点对应有、无障碍物时的测向数值。发射天线距测向天线 55 m，钢柱体距离测向天线 10 m，三者夹角为 90°。钢柱体接地时，接地电阻为 14.8 Ω。

2）三根钢柱体的测向干扰

在 2011 年 5 月 18 日，进行了三根钢柱体的接地与不接地测向试验。三根钢柱体之间用金属导线相连，类似于输电线路档距之间用地线相连。固定发射天线对测向天线之

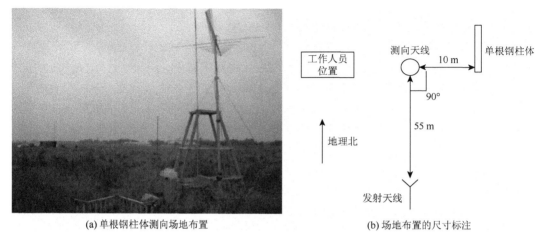

图 5.13 单根钢柱体测向图

间的角度为 90°，对测向天线进行全频段（3～25 MHz）激励，频率按 1 MHz 为间隔，测试每个频率点对应有、无障碍物时的测向数值。测试系统布置如图 5.14 所示。测向天线与发射天线相距 50 m，钢柱体成列与测向天线相距 40 m，钢柱体之间间隔 40 m。钢柱体与接地网相连，接地电阻为 15.6 Ω。

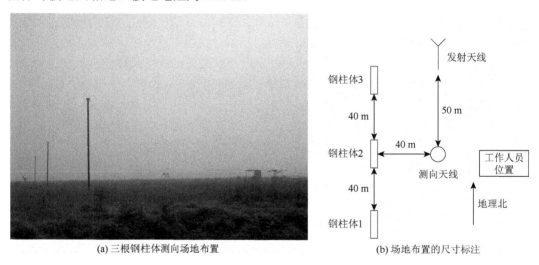

图 5.14 三根钢柱体测向图

3. 试验结果与仿真计算的对比分析

1）单根钢柱体试验与仿真结果对比

按照图 5.13（b）的尺寸，建立单根钢柱体测向干扰系统的线、面两种数学模型，即钢柱体分别采用一根线模型和一个圆柱面模型进行仿真（图 5.14），采用矩量法分别求解两种模型对短波测向的干扰水平。

图 5.15 中的（a）和（b）分别表示了钢柱体接地和不接的情况下，线、面模型与实测结果的比较。从图 5.15 中可以看出，钢柱体本身结构较为简单，因此单根钢柱体线、面模型计算得到的数据相当接近，数据曲线变化趋势和极值出现的频率点均一致。根据前述研究，当线模型单元的长径比小于 8 时，认为线模型计算结果误差过大。本试验中，最大激励频率为 25 MHz，按照 $\lambda/10$ 波长划分单元，钢杆线模型单元长径为 $1.2/0.16 = 7.5$。所以，线模型计算结果可以认为基本上是正确的，对于单根钢柱体来说，线、面模型计算结果差别不大。另外，根据文献[11]的分析，当细长圆柱导体表面为光滑曲面时，采用线模型可以较为精确地计算电磁波入射时简单导体圆柱的电磁散射问题。因此，图 5.15 中线、面模型计算结果相近，其实也验证了该结论。

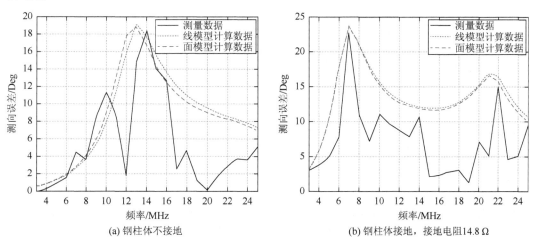

图 5.15 单根钢柱体测向干扰实测与仿真结果比较

从整体上看，线、面模型仿真结果曲线较为光滑，但实测结果曲线有着较多的峰值；仿真和实测结果在干扰谐振频率上能够较好地吻合，特别是干扰角度的峰值较为接近。

2）三根钢柱体试验与仿真结果对比

按照图 5.14（b）的尺寸，建立三根钢柱体测向干扰系统的线、面两种数学模型，即钢柱体分别采用三根线模型和三个圆柱面模型进行仿真，采用矩量法分别求解两种模型对短波测向的干扰水平。建模时，三根钢柱体模型之间用细直线模型相连，用以仿真实际连接钢柱体的铜线。采用矩量法求解两种模型的仿真计算结果，如图 5.16 所示。

图 5.16 中的（a）和（b）分别表示了三根钢柱体接地和不接的情况下，线、面模型与实测结果的比较。从图 5.16 中可以看出，由于钢柱体增加到了三根，且钢柱体之间也用铜线相连，仿真模型相比单根钢柱体来说，显得有些复杂，测量数据和线、面模型计算数据相互之间出现了较大差异。从数值差别上看，实测数据在 25 MHz 出现了远大于其他频率点的测向误差值，达 14.5°，而两种模型计算得到的结果分别为 1.63°和 2.14°，

考虑到试验所用的测向系统极易受天气和周边电磁环境的影响,加上测试场地处于军队机场,可能该频率点处出现了未知干扰源,研究可不考虑 25 MHz 的数据。

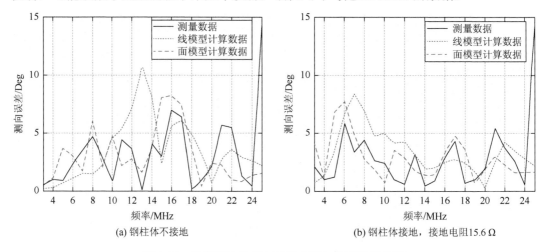

图 5.16 三根钢柱体测向干扰实测与仿真结果比较

当钢柱体不接地时,如图 5.16（a）所示,线、面模型计算数据均与实测数据有一定差异,但相比之下,面模型计算数据较线模型计算数据更吻合于实测数据。特别是在 13 MHz 处,线模型计算数据有最大值,达 10.70°,而此时实测数据和面模型计算数据分别为 0.1°和 1.57°。当钢柱体不接地时,如图 5.16（b）所示,仍然是面模型计算数据较线模型计算数据来说,更接近于实测数据。

结合图 5.16 的（a）和（b）,可以看出,面模型计算数据的最大值和实测结果的最大值出现的频率均一致,整个数据曲线较线模型来说,也和实测数据曲线更为接近。

4. 误差分析

1）观测误差

本次试验使用的仪器为总参五十七所研发的某型可搬移式测向系统,系统测向误差精度为 3°。

测量时,测试场地周围有着各类障碍物,如工作人员所在位置处的电脑、电扇和各类金属设备等,也会在发射天线激励下,产生再次辐射或反射电磁波,再加上场地导电率不均匀,使测向天线附近原来的电磁场产生畸变,从而影响测试结果。从某研究所提供的资料看,认为场地产生的测向误差为 1.3°。

另外,测向天线的角度和由测试系统各组成部分之间的直线距离由人工确定,不可避免地存在人为操作误差和观测误差。

2）模型误差

从试验的现场情况看,测试系统处于机场之中,周围数百米范围没有明显干扰源。障碍物和天线均按实际尺寸进行建模，从仿真模型本身来说，没有太大的误差。但分析发现，由于钢柱体过高过重，必须通过拉线固定的形式保证钢柱体垂直竖立不倒，实际仿真时忽略了拉线的影响。此次试验为国内第一次如此高度的短波测向试验，试验时没有考虑到拉线会对测量结果产生影响，未对每根钢柱体的拉线进行相关的测量和数据记录，因此只能通过仿真计算来模拟各种情况下拉线对计算结果的影响水平。

以单根钢柱体接地情况下的测量数据为例，分析不同的拉线排列方式和拉线的长度对误差的影响。实际测量时，每根钢柱体用三根拉线固定，拉线具体的长度和布置的角度均未记录，即拉线的尺寸不确定；而且，所使用的拉线有直径约 1 cm 的钢丝绳和尼龙绳两种，随机使用，即仿真时可认为每根钢柱体的拉线有 0～3 根拉线不等，拉线的数量不确定；另外，拉线均固定在打入地面 20～30 cm 深的钢钎上，而有的钢钎接入到了钢柱体的接地电网中，有的钢钎又没有并入接地电网中，所以，各条拉线的接地电阻又可从 15～300Ω不等。这种过于复杂的拉线形式给分析带来了极大的难度，因此，只能假设数种情况对拉线的影响进行分析。以下计算研究均以钢柱面模型完成。

如图 5.17 所示，拉线位于地面的 A 和 B 的坐标分别为(-5, 10, 8)和(0, 15, 8)，单位为 m。考虑仅布置拉线 A，A 点良好接地（接地电阻为 14.8 Ω，以下同），更改 A 点 x 坐标分别为–3、–5 和–7，即改变拉线长度，研究拉线长度对计算结果的影响，如图 5.18 所示。

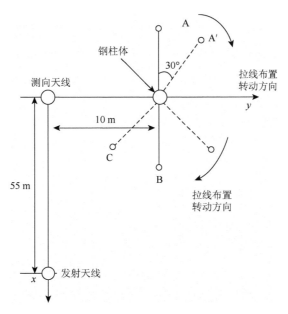

图 5.17　考虑拉线的单根钢柱体测向干扰

从图 5.18 可以看出，拉线的存在会更改测向干扰的极大值，并影响原计算数据曲线的光滑程度，在曲线两个波峰之间会出现明显的波谷极小值。结合图 5.15（b），实际测量值在 15 MHz 处出现极值，因此，选取拉线坐标 x 坐标为−5 进行其他情况的计算。

保持 A 点 x 坐标为−5，改变拉线 A 点接地情况，选取良好接地、接地电阻为 150 Ω 和 250 Ω 进行计算，研究拉线接地情况对计算的影响，如图 5.19 所示。从图 5.19 可以看出，拉线接地的好坏也会影响测向干扰极值，且随着接地电阻的增大，计算得到的数据曲线变得更为平滑。

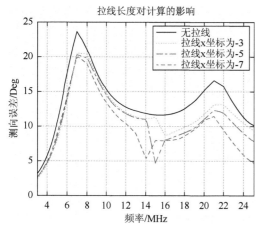

图 5.18 拉线长度对计算结果的影响　　图 5.19 拉线接地情况对计算结果的影响

为研究拉线位置对计算的影响，如图 5.17 所示，保持拉线良好接地，以 30°为间隔顺时针旋转拉线 A，分别计算各种位置下的测向干扰，计算结果如图 5.20 所示。从图 5.20 可以看出，单根拉线随着位置的不同，直接影响仿真计算结果的极值。而且，影响数据曲线两个波峰之间波谷的变化趋势，特别是拉线位于 60°时，曲线的最大值和第二大值中间出现明显最小值。

为研究两根拉线对计算的影响，如图 5.17 所示，保持拉线 A 不变，增加拉线 B，令拉线 B 顺时针从 A 处旋转，计算两根拉线均良好接地时的测向干扰，计算结果如图 5.21 所示。

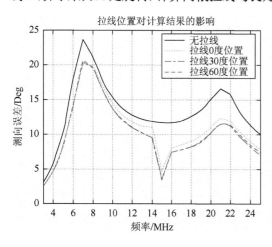
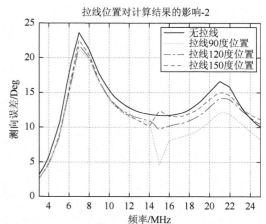

第 5 章 特高压输电线路无源干扰的测量方法与实例

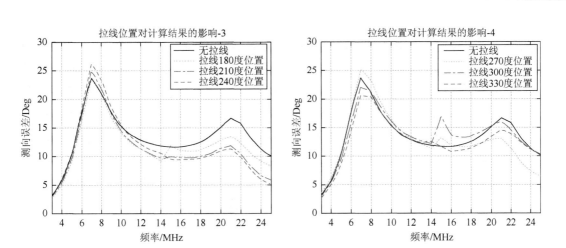

图 5.20 单根拉线位置变化对计算的影响

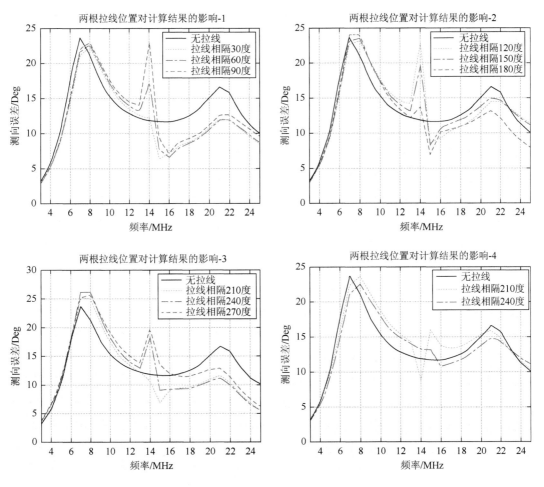

图 5.21 两根拉线位置变化对计算结果的影响（均良好地接）

以 90°为间隔，研究两根拉线都良好接地，一根良好接地另一根不良好接地和两根都不良好接地的情况，计算结果如图 5.22 所示。

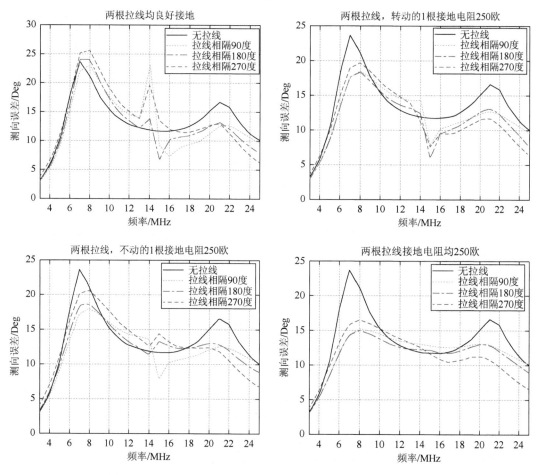

图 5.22　两根拉线位置变化时接地情况不同对计算结果的影响

综合图 5.21 和图 5.22 可以看出，两根拉线的存在类似于单根拉线存在的情况，只是加剧了计算数据曲线形状的改变，并稍微偏移了干扰最大极值出现的频率。当两根出现接地不良时，对计算数值的影响最大。

当有三根拉线时，如图 5.17 所示，固定拉线 A 和拉线 B 均不动，增加拉线 C，令拉线 C 与 B 间隔 45°顺时针旋转，计算三根拉线良好接地的情况，结果如图 5.23 所示。保持拉线 A 和拉线 B 良好接地，旋转拉线 C，拉线 C 接地电阻为 250 Ω，计算不同接地情况下的测向干扰，结果如图 5.24 所示。从图 5.23 和图 5.24 可以看出，三根拉线的存在对计算结果的影响类似于前述单根拉线和两根拉线的情况。

综上所述，拉线的存在会直接影响模型仿真计算结果。随着拉线的长度、数量、布置方式和接地情况的变化，计算的干扰最大值和数据曲线的形状都会发生改变。考虑到实测数据曲线在 15～19 MHz 之间出现两个波峰之间的波谷，且数值不到 5°，纵览上述

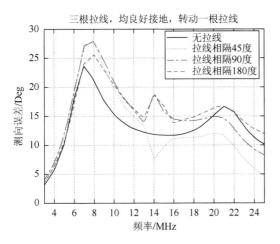 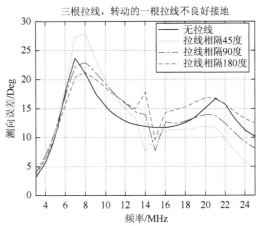

图 5.23 三根拉线均良好接地对计算的影响　　图 5.24 三根拉线中一根不良好接地对计算的影响

各种计算情况，分析发现单根拉线良好接地，且呈 60°布置时，计算曲线的波谷最接近实测情况。以 5°为间隔转动拉线，计算得到拉线呈 70°布置时，计算曲线的波谷达到最小值。

按照无拉线单根钢柱面模型，呈 70°布置的一根拉线良好接地时、单根钢柱面模型情况下，实测数据、无拉线仿真数据和有拉线仿真数据比较如图 5.25 所示。从图 5.25 中可以看出，考虑拉线的存在后，仿真结果较不考虑拉线计算值要接近于实测值。结合上述大量的仿真计算表明，拉线对试验数据的准确性有着较大的影响。在今后的类似试验中，必须考虑拉线的选择及其影响，并推荐采用非金属材料的拉线。

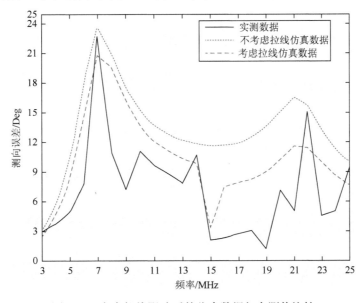

图 5.25 考虑拉线影响后的仿真数据与实测值比较

3）截断误差和舍入误差

在本书 5.3.1 部分对线、面模型计算时产生的截断误差已经进行了分析，此处不再累述。

5.3.3 电波暗室与开阔场的缩比模型实验

由于输电线路位于自然界空间中,所经区域非常广泛,铁塔也较为高大,很难通过真型试验获取输电线路的电磁散射特性。在大型复杂目标的电磁散射特性及电磁兼容研究领域,传统上利用缩比模型试验测试系统的实际性能[11-15]。为了校验本书的理论研究成果,联合华北电力大学、中国电力科学研究院(武汉)在 2014 年 11 月 7 日~11 月 14 日期间于湖北省武汉市中国舰船研究设计中心(以下简称为 701 研究所),分别在十米法电波暗室和户外开阔试验场开展了单基、多基铁塔缩比模型试验,测量不同情况下输电线路的散射场,如图 5.25 所示。本次试验的目的如下。

(1)验证广义封闭系统等效原理的正确性,检验基于 MBPE 技术的输电线路电磁散射特性快速算法适用于高频宽带散射特性的计算,为今后进一步深入研究特高压输电线路无源干扰特性奠定算法基础。

(2)验证 MBPE 技术适用于不同档距、铁塔数量等情况下短波频段特高压输电线路散射场的求解,为今后短波频段无源干扰谐振机理及解谐技术的研究提供依据。

1. 缩小比例

本次缩比模型的缩小尺寸比例为 1∶30,由于紫铜的电导率为 $8.5\times10^7\Omega/m$,角钢的电导率为 $0.3\times10^7\Omega/m$,两种材料的电导率之比为约 28.3,基本满足缩小比例的要求。地线用 1 mm^2 的铜线模拟,见表 5.2。

表 5.2 实际输电线路及缩比模型的电导率对照表

结构名称	实际线路		缩比模型	
	材料名称	电导率 γ/(S/m)	材料名称	电导率 γ/(S/m)
铁塔	碳钢	0.3×10^7	紫铜	8.5×10^7
地线	钢绞线	0.6×10^7	铜线	7.6×10^7

2. 暗室单基塔散射特性缩比模型试验

1)单基塔散射特性试验概述

本次试验的目的是验证广义封闭系统等效原理的正确性,以及基于 MBPE 技术提出的电磁散射特性快速算法适用于输电线路等电大尺寸目标散射特性的快速计算。由于室外缩比模型试验易受到外来电磁波的干扰,单基铁塔缩比模型试验选择在 701 研究所的十米法电波暗室内进行。该暗室为电磁兼容性国防科技重点试验室,暗室四周墙壁及天花板为半电波暗室(semi anechoic room,SAR)吸收体,地面是金属反射面。

我国首条特高压交流输电线路工程——晋东南—南阳—荆门 1000 kV 特高压输电线路试验示范工程已经投入运行，线路的直线塔大都采用猫头塔，因此缩比模型试验以 1000 kV 特高压交流输电线路"VVV"型猫头塔模型进行试验测量。铁塔全高 73.334 m，呼称高度 50 m，采用八分裂导线，分裂间距 40 cm，导线型号为 8×LGJ–500/35，地线型号为 GJ–100，两根地线相距 17.276 m，下相导线平均对地高度为 25 m，绝缘子串长度为 10 m，三相均采用 V 型悬挂方式，如图 5.26 所示。

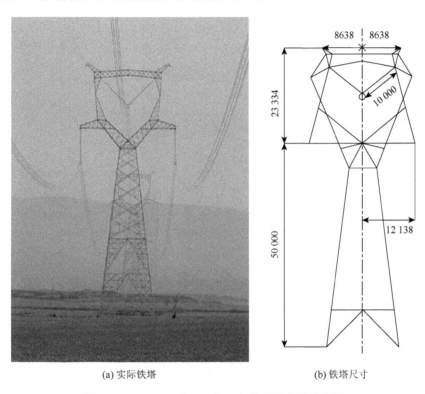

(a) 实际铁塔 (b) 铁塔尺寸

图 5.26 1000 kV "VVV" 三角排列猫头塔示意图

该试验采用"缩比模型方法"，即铁塔相关尺寸按照 1∶30 的尺寸比例进行缩小，激励电磁波的频率相应增加 30 倍，铁塔模型角钢材料的电导率也要增加 30 倍，这样才能保证铁塔模型的散射特性与实际铁塔相比保持不变。由于电磁波暗室的辐射电磁场产生和测试系统的频率范围为 0.9～3 GHz，按照缩比模型 1∶30 的尺寸比例，试验频率与 30～100 MHz 的实际频率相对应，实际频率范围处于甚高频段。为了方便表述，缩比模型试验布置方案、铁塔尺寸数据及频率都是按照 1∶30 进行变换后的结果，而仿真模型中铁塔的尺寸、频率都是实际情况下的数据。暗室试验的测量数据可以在一定程度上说明基于 MBPE 技术的电磁散射特性快速求解算法适用于高频宽带特高压输电线路散射场的快速计算。

2）试验仪器及试验方案

本次试验的仪器分为两大类，分别是天线及信号发生仪器和空间场强的测量仪器。信号发射端的仪器包括：发射天线选择瑞士 Schaffner 公司 CBL6140A 型定向辐射天线；

信号发生器选择 Agilent MXG N5183A 型模拟信号发生器，频率分辨率为 0.01 Hz，幅度分辨率为 0.01 dB；为了能够调整发射天线的信号强度，增加 Amplifier Research 50S1 G4A 型功率放大器，其输出功率不小于 50 W。仪器如图 5.27 所示。

(a) CBL6140A辐射天线　　(b) Amplifier Research 50S1 G4A 功率放大器　　(c) Agilent MXG N5183A 信号发生器

图 5.27　信号发射端仪器

信号发射端的仪器包括：SAS-571 喇叭形定向接收天线，天线系数为 22～44 dB/m，最大辐射场强为 200 V/m；ROHDE&SCHWARZ-ESCI-EMI 测试接收机，频率分辨率为 0.01 Hz；紫铜制作的尺寸比例为 1∶30 的特高压猫头铁塔缩比模型，考虑了实际铁塔的斜材和横隔材，与实际铁塔结构接近。信号接收端仪器及铁塔缩比模型如图 5.28 所示。

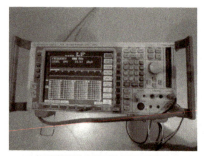  

(a) ROHDE&SCHWARZ-ESCI-EMI 测试接收机　　(b) SAS-571喇叭型接收天线　　(c) 铁塔缩比模型

图 5.28　信号接收端仪器及铁塔缩比模型

试验布置方案：将铁塔缩比模型放置于十米法转台的圆心位置，发射天线和接收天线所处位置的连线通过转台圆心，且发射方向和接收天线方向正对铁塔缩比模型。发射天线和接收天线的安装高度为距离地面 1.5 m，发射天线距离铁塔 8 m，接收天线距离铁塔 6 m。暗室布置方案如图 5.29 所示，现场布置如图 5.30 所示。

测试内容有：

（1）发射天线不工作情况下，测量空间背景噪声。

（2）发射天线工作，发射天线与接收天线间传输路径上无障碍物情况下，接收天线的测试结果。

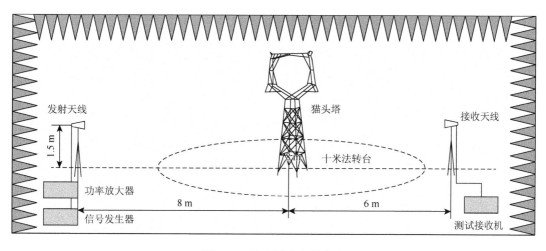

图 5.29 暗室试验布局方案

图 5.30 十米法电波暗室布置实物图

(3) 将单基角钢塔置于图 5.30 所示位置上,固定发射天线和接收天线的位置,发射天线发射信号,接收天线接收。

(4) 扫频发射,频率范围:0.9~3 GHz,扫频间隔为 0.1 GHz。

3) 试验结果与 MBPE 插值结果的对比分析

a. 试验结果

测试接收机测得天线端口处的输出电压,单位 dBμV,具体测量数据见附表 1。为了验证 MBPE 插值算法适用于输电线路电磁散射特性的快速求解,必须将天线端口输出电压转化为空间的电场强度。为了获得测试点处的电场场强,可通过 SAS-571 型喇叭天线的天线系数和附表 1 中端口电压测量值计算得到。天线系数的定义为

$$AF = \frac{E}{U_L} \tag{5.8}$$

式中:AF 表示天线系数,1/m;U_L 为场强测量接收机测量得到的天线端口输出电压,V;E 为测试点处对应的电场强度,V/m。

采用对数的形式进行表述，如下

$$AF_{(\text{dB/m})} = E_{(\text{dB}\mu\text{V/m})} - U_{(\text{dB}\mu\text{V})} \tag{5.9}$$

式中：$AF_{(\text{dB/m})}$ 单位为 dB/m；接收机的示值单位为 dBμV，使用电场天线系数可以方便地得到测试点电场场强。

附表 2 为 SAS-571 型喇叭天线的天线系数。由附表 2 可知，1.0 GHz 以上频段的频率间隔变为 0.5 GHz，而实际测量是按照 0.1 GHz 为间隔进行测量，因此，还需要采用合适的插值的方法将其余频点的天线系数补全。拟合获得的天线系数结果如图 5.31 所示。

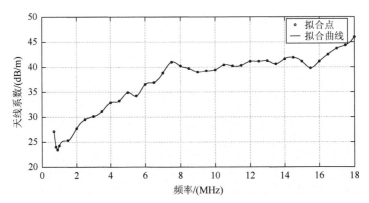

图 5.31　SAS-571 型双锥天线的天线系数拟合结果

根据式（5.9）将天线端口输出电压转化为观测点处单基角钢铜塔的散射场强度，结果如图 5.32 虚线所示，数据见附表 3。

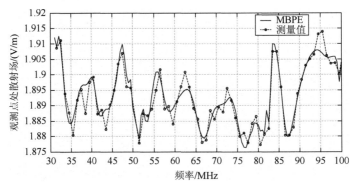

图 5.32　暗室中角钢塔散射场频率响应曲线

b. MBPE 插值结果

由于研究频段高于 16.7 MHz，采用 NEC 软件建立考虑辅材的单基猫头铁塔面模型。缩比模型试验使用 CBL6140A 型辐射天线作为激励源，该型天线为定向天线，在仿真模型中可等效为垂直极化平面波，对铁塔面模型进行激励。由于缩比模型试验仅能获取发

射天线的输入电压，必须通过发射天线系数 TAF 将发射天线输入电压转化为天线所在位置的空间电场强度，即

$$TAF = \frac{E}{V_{\text{in}}} \tag{5.10}$$

式中：TAF 为发射天线系数，1/m；V_m 为发射天线的输入电压，V；E 为发射天线在观测点处的电场强度，V/m；

用对数表示：

$$E_{(\text{dBV/m})} = V_{\text{in(dBV)}} + TAF_{(\text{dB/m})} \tag{5.11}$$

式中：$TAE_{(\text{dB/m})}$ 单位如 dB/m；模拟信号发生器的示值单位为 dBμV。

试验中模拟信号发生器调整到–30 dBmV，根据上述转化方法可知仿真模型中的激励源为幅值 5.7 V/m 的垂直极化平面电磁波，频率范围为 30~100 MHz。由于电波暗室的地面为金属良导体，仿真模型的大地同样等效为"理想导电体"。仿真模型如图 5.33 所示。

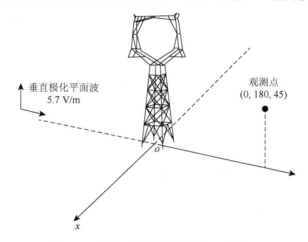

图 5.33 特高压输电线路散射场计算模型

由于研究频段的频带宽度为 70 MHz，约为算例调幅广播频带宽度的 2.3 倍，应该在该频段内选择 127 个采样点。根据本书 4.4.2 节可知，当采样点数量过多时，利用多采样点匹配法求解广义系统函数的未知系数的过程中，会出现高阶矩阵求逆精度降低或奇异问题。当采用标准的 MBPE 算法直接求解上述频段的输电线路的散射场时，则会产生 126 阶 Padé 有理函数，必然面临由于高阶矩阵求逆造成的奇异问题。

为解决上述问题，考虑采用 4.4.2 节提出的分段插值方法，将 30~100 MHz 等分为若干频段，然后采用 MBPE 技术对各段的散射场分别进行插值。本节将该频段等分为两个频段，每个频段的带宽为 35 MHz，每个小段的采样点数量为 63 个，对应的广义系统函数的阶数为 63 阶。对图 5.33 所示模型按照 0.1λ 进行分段，选择 RWG 基函数和伽略金检验，采用矩量法计算观测点处各采样点的散射场幅值和相位。根据一致逼近原理，选择 m = 31, n = 31 阶 Padé 有理函数对每小段进行内插，最后将每

小段的内插结果按照分段前的顺序进行拼接，整个频段的散射场插值结果如图 5.32 实线所示。

对比暗室缩比模型试验测量数据和 MBPE 插值结果，发现两者对应的曲线变化趋势相吻合。采用偏差分析方法，计算出测量数据与 MBPE 插值结果之间的全局平均绝对误差、全局极值最大相对误差分别为 0.002 71 V/m 和 4.3%，说明基于 MBPE 技术的电磁散射特性快速求解算法可以应用于高频宽带特高压输电线路散射场的计算。

3. 开阔场多基塔散射特性缩比模型试验

特高压输电线路的二次辐射场会在某些频点出现峰值，对周边无线电台站产生无源干扰谐振现象。国外学者针对中波频段输电线路的干扰谐振机理展开研究，提出了"λ/4 谐振频率"和"整数倍波长回路谐振频率"的观点，并设计出了多种"解谐器"，极大地抑制了干扰谐振水平。但是，目前尚未有 1.7 MHz 以上频率的干扰解谐技术，在后续的研究中发现，在 1705 kHz 以上的频段内，输电线路无源干扰仍具有谐振的特征且存在周期性振荡现象，其干扰幅值呈递增趋势，其干扰谐振机理与中波谐振机理可能有所不同。近年来，我国虽然制定了可供电网公司和无线电台站都能接纳的无源干扰防护间距标准，但是土地资源日益稀缺的国情决定了特高压线路走廊选择的有限，单纯依靠防护间距标准无法处理线路不具备绕行条件的情况，更无法解决已存在的线路和台站之间的无源干扰问题[16-20]。因此，探讨短波及以上频段无源干扰的谐振机理及抑制措施非常具有实际工程意义。

为了探究短波及以上频段无源干扰的谐振机理，必须考虑各种可能对输电线路电磁散射特性造成影响的因素，如线路档距、铁塔数量等单一宏观结构开展研究。因此，高效地获得相关台站工作频段内不同档距、铁塔数量等情况下的输电线路的电磁散射特性，是今后短波及以上频段谐振机理及解谐技术研究的基础。由上述可知，有必要验证基于 MBPE 技术的输电线路电磁散射特性快速算法适用于不同情况下输电线路散射场的快速计算。

1）多基塔散射特性试验概述

由于十米法电波暗室空间尺寸的限制，涉及多基铁塔的缩比模型试验均在开阔试验场进行。701 所开阔场的一侧为黄家湖，对面侧为电磁兼容试验室，其外部墙壁经过特殊处理，对开阔场发射天线的激励电磁波无明显折反射现象，其余两侧较为空旷，没有明显电波反射体。地面统一由长 4 m、宽 1 m 金属隔板拼接而成，可以将地面视为金属良导体。由于开阔场的辐射电磁场产生和测试系统的频率范围为 30 MHz～1 GHz，按照缩比模型的 1∶30 尺寸比例，恰好覆盖了整个短波频段 3～30 MHz。

2）试验仪器及试验方案

本次开阔场试验信号发射端所用仪器：ROHDE&SCHWARZ SMB100A 型信号发生器，最大电平典型值为 30 dBm；A.H. Systems SAS-545 型双锥发射天线，为定向天线，如图 5.34 所示。接收端所用仪器：德国 ROHDE&SCHWARZ ESCI EMI 测试接收机，频率分辨率为 0.01 Hz；SAS-545 型双锥发射天线，为定向天线，如图 5.35 所示。

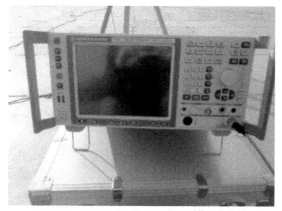

(a) ROHDE&SCHWARZ SMB100A型信号发生器　　(b) SAS-545型双锥发射天线

图 5.34　信号发射端仪器

(a) ROHDE&SCHWARZ ESCI EMI测试接收机　　(b) SAS-545型双锥接收天线

图 5.35　信号接收端仪器

试验布置方案：将若干基铁塔组成的输电线路缩比模型放置于开阔场上，铁塔等间隔排列于同一直线上。发射天线与接收天线的连线垂直于输电线路方向，且正对处于中间位置的铁塔。发射天线和接收天线的安装高度为距离地面 1.5 m，发射天线与线路间距 15 m，接收天线与线路间距 20 m，开阔场布置方案如图 5.36 所示，现场布置情况如图 5.37 所示。

测试内容有：①发射天线不工作情况下，测量空间背景噪声；②发射天线工作，发射天线与接收天线之间没有输电线路的情况下，接收天线的测试结果；③由五基角钢铜塔和四段线路组成的挂地线输电线路置于图 5.37 所示位置上，对应的档距 16.7 m（实际档距 500 m），发射天线发射信号，接收天线接收，扫频发射，频率范围和 90~900 MHz，扫频间隔为 6 MHz；④保持档距 16.7 m 不变，铁塔数量依次变为三基和七基，重复步骤①~③；⑤保持铁塔数量为五基，实际档距依次变为 10 m（实际档距 300 m）和 23.3 m（实际档距 700 m），重复步骤①~③。

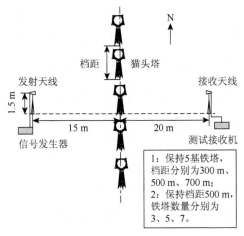

图 5.36　开阔场试验布置方案　　　　图 5.37　开阔场试验现场布置图

3）试验结果与 MBPE 插值结果的对比分析

a. 试验结果

按照测试内容要求，开阔场试验共需要测试五种情况下的数据，各种情况对应的实际线路参数分别为铁塔数量依次为三基、五基、七基，档距 500 m；线路的档距依次为 300 m、500 m、700 m，铁塔数量为五基。由于接收端仪器只能测得双锥天线端口处的电压，必须按照 5.3.3 节对试验数据的处理方法，将端口电压转换为空间场强。

由附表 4 可知，20～100 MHz 频段的频率间隔变为 5 MHz，100～1000 MHz 频段的频率间隔变为 25 MHz，而实际测量是按照 6 MHz 为间隔进行测量，因此，还需要采用合适的插值的方法将其余频点的天线系数补全。拟合获得的天线系数结果如图 5.38 所示。

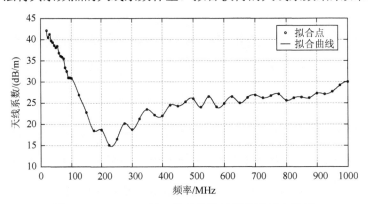

图 5.38　SAS-545 型双锥天线的天线系数拟合结果

按照 5.3.3 节的方法对试验测量数据进行处理，得到 6 种情况下接收天线端口处的空间电场强度（见附表 5），按照计算得到的电场强度绘制散射场频率响应曲线，结果为图 5.39～图 5.43 所示虚线。

b. MBPE 插值结果

以五基铁塔，档距为 500 m 为例，说明 MBPE 技术的求解流程。由于开阔场地面为金属良导体，因此假设大地为"理想电导体"。由于双锥天线为定向天线，因此可将激励源等效为沿着 y 轴负方向的垂直极化平面电磁波，仿真模型如图 5.44 所示。根据 5.3.3 节中发射天线辐射场强的计算公式可知，仿真模型中的激励源为幅值 3.1 V/m 的垂直极化平面电磁波，频率范围为 3～30 MHz。

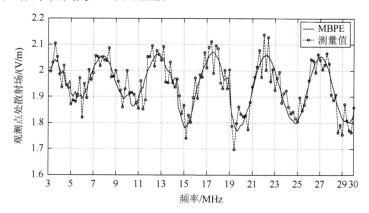

图 5.39　三基铁塔，档距 500 m 情况下散射场频率响应

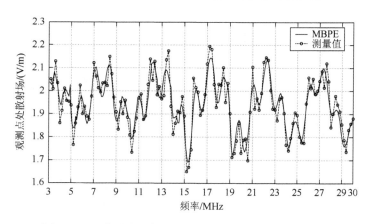

图 5.40　五基铁塔，档距 500 m 情况下散射场频率响应

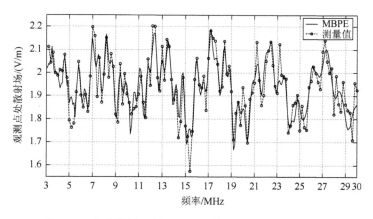

图 5.41　七基铁塔，档距 500 m 情况下散射场频率响应

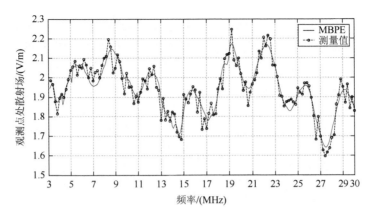

图 5.42 五基铁塔，档距 300 m 情况下散射场频率响应

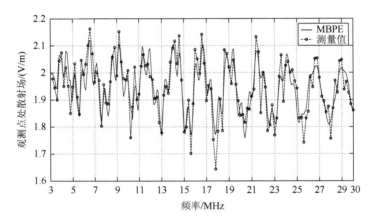

图 5.43 五基铁塔，档距 700 m 情况下散射场频率响应

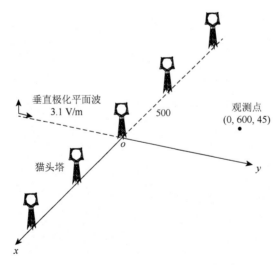

图 5.44 特高压输电线路散射场计算模型

在短波频段内等间隔选择 55 个采样点，选择 RWG 基函数和伽略金检验，按照 0.1λ 进

行网格划分,采用矩量法计算输电线路线—面混合模型的采样点信息,按照算例 4.4.1 的步骤构造 55 阶广义系统函数,对频段内的输电线路散射场进行内插,结果为如图 5.39~5.43 所示实线。

5 种情况对应的全局平均绝对偏差和全局极值最大相对偏差见表 5.3。

表 5.3 全局平均绝对偏差和全局极值最大相对偏差比较

算例	mad/V/m	Δmax/V/m	er/%
三基铁塔,档距 500 m	0.040 19	0.060 15	5.3
五基铁塔,档距 500 m	0.039 02	0.051 03	5.1
七基铁塔,档距 500 m	0.041 21	0.071 41	5.4
五基铁塔,档距 300 m	0.030 27	0.049 11	4.9
五基铁塔,档距 700 m	0.047 69	0.072 50	5.8

由图 5.39~5.43 可知,开阔场试验测量数据与 MBPE 技术的插值结果的变化趋势相吻合。根据表 5.3 可知,开阔场试验测量结果和 MBPE 插值结果的最大全局平均绝对误差和最大全局极值最大相对误差分别为 0.047 69 V/m 和 5.8%,说明基于 MBPE 技术的散射场快速求解算法适用于不同情况下输电线路散射场的求解。

4. 误差分析

误差的定义为测量数据和真实数据的差值,偏差的定义为测量数据和参考数据的差值。此处分析必须借助于误差的概念,对仿真计算数据和缩比模型试验测量数据进行误差分析。分析可知,缩比模型试验和仿真试验的误差应该包括模型误差、观测误差、截断误差和舍入误差等,具体分析如下:

1) 试验测量数据的误差

a. 模型误差

由于输电线路所经地区非常复杂,不可能直接采用真型试验的方法对输电线路的散射特性进行直接测量,所以试验必须采用缩比模型试验进行测量。缩比模型仅考虑了铁塔的空间桁架结构,但忽略了一些辅材和各类线路金具。

材料的选择方面,根据 5.3.3 节可知,缩比模型所选材料的电导率等参数与缩小比例密切相关,本次试验选择 1∶30 尺寸比例建立缩比模型,必须选择电导率比角钢材料高出 30 倍的材料,试验中选择电导率较高的紫铜制作缩比模型,角钢材料和紫铜的电导率仅为 28.3,没有确保缩比模型的电导率正好是铁塔角钢电导率的 30 倍,与理想的试验条件存在一定差距。

b. 观测误差

试验中的散射场数值通过德国 ROHDE&SCHWARZ-ESCI-EMI 测试接收机获取,该仪器的精度为 0.1 dB,即该测试接收机自身存在精度问题。同时,由于测量数据受到外界噪声的干扰,测量数据会存在一定波动,选择平均值作为测量的最终结果,造成一定的测量误差。例如，102.0 MHz 情况下，无输电线路时，测量数据在 77.6～77.8 dBμV 区间内波动，取平均值为 77.7 dBμV；有输电线路时，测量值在 61.7～61.9 dBμV 内波动，取平均值为 61.8 dBμV。

2）计算值误差

a. 模型误差

输电线路仿真计算模型采用 5 基铁塔来取代整条线路，同时，没有考虑铁塔的斜材和横隔材的影响。建模过程中，假设大地为理想良导体，但实际地面的电导率等参数非常复杂，表面也存在一定的粗糙度，这种理想化的处理会导致仿真计算模型不能完全模拟实际输电线路。

b. 截断误差

在仿真计算过程中，采用矩量法离散输电线路模型表面的感应电流。当模型的离散单元无限多时，可获得的感应电流的精确解，但实际上单元数量只能取有限数值。根据 NEC 软件的建议，线模型一般按照 0.1λ 划分网格单元，这会导致线单元中的电流值和实际情况不同，造成截断误差。

c. 含入误差

数值计算借助于计算完成，每一步求解过程中，各个数据都会对应一定的位数，存在一定的误差。

5. 小结

联合华北电力大学、中国电力科学研究院、中国舰船研究设计中心等多家单位，在十米法电波暗室和开阔场分别进行了单基、多基铁塔的电磁散射特性缩比模型测量试验。对比 MBPE 插值结果和试验数据，发现单基铁塔暗室试验对应的两组结果的全局平均绝对误差、全局极值最大相对误差分别为 0.002 71 V/m 和 4.3%，多基铁塔开阔场试验对应的两组结果的最大全局平均绝对误差和最大全局极值最大相对误差分别为 0.047 69 V/m 和 5.8%，验证了广义封闭系统等效原理的合理性，基于 MBPE 技术的输电线路电磁散射特性快速求解算法适用于高频宽带散射特性的计算，同时也适用于不同档距、铁塔数量等情况下短波频段特高压输电线路散射场的求解。

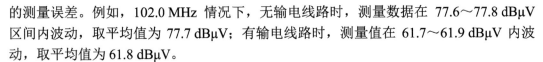

参 考 文 献

[1] 邬雄，万保权，张小武，等. 1000 kV 特高压交流同塔双回线路对无线电台站影响及防护研究[R]. 武汉：国网电力科学研究院，2008.

[2] BIPM-IEC-IFFCC-ISO-IUPAC-OIML. 国际通用计量学基本术语定义（第二版）[M]. 鲁绍曾，译，北京：中国计量出版社，1993.

[3] 国防科学技术工业委员会. GJB 2715—96 国防计量通用术语[S]. 北京：中国标准出版社，1996.

[4] 林洪桦. 测量误差与不准确度评估[M]. 北京：机械工业出版社，2010.

[5] 钱政，王中宇，刘桂礼. 测试误差分析与数据处理[M]. 北京：北京航空航天大学出版社，2008.

[6] JOHANSSON M，HOLLOWAY C L，Kuester E F，Effective electromagnetic properties of honey comb composites，and hollow-pyramidal and alternation-wedge absorbers[J]. IEEE Transactions on Antennas Propagation，2005，53（2）：728-735.

[7] GRAGLIA R D，WILTON D R，PETERSON A F，Higher order interpolatory vector bases for computational electromagnetics[J]. IEEE Transactions on Antennas Propagation，1997，45（3）：329-342.

[8] HADJALI M，NOTAROS B M. Higher order hierarchical curved hexahedra vector finite elements for electromagnetic modeling[J]. IEEE Transactions on Microwave Theory Technology，2003，51（3）：1026-1033.

[9] STUPFEL B，MITTRA R. Numerical absorbing boundary conditions for the scalar and vector wavee quations[J]. IEEE Transactions on Antennas Propagation，1996，44（7）：1015-1022.

[10] OMAR M R. Stability of bsorbing boundary conditions[J]. IEEE Transactions on Microwave Theory Technology，1999，47（4）：593-599.

[11] 何国瑜，卢才成，洪家才，等. 电磁散射的计算和测量[M]. 北京：北京航空航天大学出版社，2006：104-112.

[12] 何为，肖冬萍，杨帆. 超特高压环境电磁测量和生态效应[M]. 北京：科学出版社，2013：77-95.

[13] 阚润田. 电磁兼容测试技术[M]. 北京：人民邮电出版社，2009：22-47.

[14] 刘国培. 电磁兼容现场测量与分析技术[M]. 北京：国防工业出版社，2013：42-57.

[15] 杨维耿. 环境电磁检测与评价[M]. 杭州：浙江大学出版社，2011：73-84.

[16] 干喆渊，张小武，张广洲，等. UHV 交流输电线路对调幅广播收音台防护间距[J]. 高电压技术，2008，34（5）：856-861.

[17] 张小武，干喆渊. 输电线路对短波信号的二次辐射计算模型[J]. 高电压技术，2009，35（4）：861-865.

[18] 赵志斌，干喆渊，张小武，等. 短波频段内 UHV 输电线路对无线电台站的无源干扰[J]. 高电压技术，2009，35（8）：1818-1823.

[19] 张小武，刘兴发，邬雄，等. 特高压交流输电线路与航空中波导航台间防护距离计算[J]. 高电压技术，2009，35（8）：1830-1835.

[20] 赵鹏，朱锦生，韩燕明，等. 输电线路对短波无线电测向台（站）无源干扰的保护间距[J]. 电网技术，2012，36（5）：22-28.

第 6 章

特高压输电线路无源干扰的抑制技术

6.1 特高压输电线路无源干扰的防护间距

6.1.1 传统防护间距的计算方法

1. 无源干扰的计算

输电线路无源干扰的求解方法主要是通过矩量法对输电线路模型对应的 Pocklington 电场积分方程进行求解。施加于输电线路模型上的激励源和实际的无线电台站天线有所不同,需要假设各类无线电台站位于无穷远处,发出垂直极化平面电磁波,电磁波从无穷远处对输电线路模型进行激励。输电线路的铁塔可以认为是垂直接地体,求解 535~1705 kHz 频率段内观测点处的电场强度,选择恰当的距离使得观测点处电场变化在允许值以内。

2. 传统防护间距的求解方法

传统防护间距的求解方法涉及的关键问题有两个:第一是仿真模型的选择问题,即只有选择合适的模型才能计算得到准确的无源干扰数值;第二是频率的选择问题,因为频率的选择决定了防护间距,所以必须验证挑选的计算频率是最大干扰值所对应的谐振频率。

目前特高压输电线路无源干扰研究中,均用 5 基铁塔来代替整条线路,且档距均为 500 m,线路的走向沿 y 轴方向。观测点位于中间一基塔横线路方向即 x 轴正方向上。选择垂直极化平面电磁波对输电线路线模型施加激励。铁塔采用线模型进行仿真,如图 6.1 所示。求解输电线路和调幅广播台之间的防护间距时,以观测点 2 m 高处的电场强度为

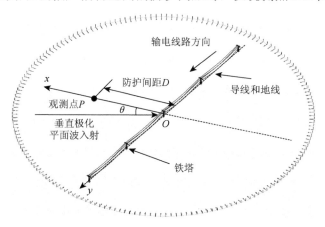

图 6.1 输电线路无源干扰防护间距求解用数学模型

待求量，在 535～1705 kHz 频率段内选择 3～4 个频率。平面电磁波以每 2°为间隔对模型施加激励，每个频率点处求解 180 次，得到无源干扰最大值。计算结果通过直角坐标系表示，其中横坐标为观测点距离线路中心线的距离，纵坐标为某频点处无源干扰峰值，做出该频率下无源干扰峰值随距离的变化曲线。将选择的 3～4 个频率点的 4 条曲线绘制于同一直角坐标系，选取 4 条曲线的上包络线。频率点的选择原则有两条：其一是随机地在频率段内选择，其二是选择 $\lambda/4$ 谐振频率。对包络线进行插值计算，最终得到该无线台允许干扰水平所对应的防护间距[1-2]。

6.1.2 建议的防护间距求解方法

1. 无源干扰求解模型的选择

计算结果的准确程度与仿真模型的真实程度密切相关，利用接近于真实情况的仿真模型可以得到接近实际情况的计算结果。但是，如果仿真模型和复杂而巨大的输电线路越接近，激励电磁波频率越大，若采用矩量法求解，仿真模型按照激励电磁波波长的 1/10 划分仿真模型单元，矩阵运算对于通用的计算机硬件水平来说是无法接受的。因此，要结合激励电磁波的频率对输电线路进行不同程度的简化处理，建立不同的输电线路仿真模型。

本书在研究中建立了输电线路无源干扰线—面混合模型，该模型适用于计算 428.57 MHz 以下的无源干扰水平。调幅广播台站的工作频率 526.5 kHz～26.1 MHz，因此可以用线—面混合模型计算特高压直流输电线路和调幅广播台站的防护间距。

国外将输电线路铁塔简化为不同半径的线段[3-4]，此种方式具有极大的局限性，表现在当频率大于 1.7 MHz 时计算结果会超过 0.1 dB；中国电力科学研究院建立了更加接近于实际铁塔的线模型，该模型仅仅考虑了铁塔主材，但也同国外一样遇到了同样的问题，即频率超过 16.7 MHz 时该模型不再适用。

为了解决这一问题，需要建立更加接近于实际铁塔的面模型，该模型用角钢代替了线模型中的线，并通过矩量法对面模型对应的 Pocklington 电场积分方程进行求解。显然，采用铁塔和地线面模型进行仿真得到的结果更为准确，但目前的计算机水平还无法完成这种规模的计算。

2. 中波和短波频段无源干扰的谐振频率问题

计算防护间距首先要准确找到无源干扰的谐振频率。目前，预测输电线路无源干扰谐振频率的方法可以根据铁塔高度和输电线路是否安装"解谐器"分为两类：当输电线路未安装"解谐器"时，铁塔和地线相连，无源干扰谐振频率由地线、铁塔及其与大地镜像组成的回路长度确定，当其达到回路长度的整数倍时，将产生谐振现象（以下简称"整数倍波长回路谐振频率"）；当输电线路安装"解谐器"时，铁塔和地线绝缘，铁塔高度达 $\lambda/4$ 时将产生谐振。

若将激励源由垂直极化平面电磁波来替代线天线，加之研究频率范围的扩展，上述结论并不完全符合实际情况[5]。当频率处于短波频段时，"整数倍波长回路谐振频率"不再适用；处于中波频段时，仅"一倍波长回路谐振频率"和"三倍波长回路谐振频率"时无源干扰出现最大值，不严格符合"$\lambda/4$ 谐振频率"。

因此，在求解防护间距时，不能完全依据"整数倍回路波长谐振频率"或"$\lambda/4$ 谐振频率"进行计算，另外，随机选择一些频率点进行计算也不全面。

3. 新的防护间距计算方法

目前计算无线电台站无源干扰防护间距的计算方法基本确定，即选择台站工作频段内 3~4 个频率点，以确定频率的垂直极化平面波进行激励，计算某防护距离处全方向的干扰水平，求其极值。这种方法较为复杂，而且频率的选择未必具有代表性。

从本书研究中可以看出，由于激励条件和研究对象的变化，在求解防护间距时，不能依据"整数倍波长回路谐振频率"或"$\lambda/4$ 谐振频率"进行计算，而随机选择一些频率点进行计算也不全面。为此，考虑到无源干扰极值频率随观测距离不同而变化的特点，本书提出一种新的较为妥善的防护间距求解方法。该方法的基本思想是首先求解出防护间距 D 存在的区间 $[D_l, D_r]$，然后在这个区间内不断的进行对半划分，直到区间缩小到可接受的范围 $d/2 \leq \delta$，则认为防护间距为 $D = (D_l + D_r)/2$。

求区间的流程如图 6.2（a）所示，即首先根据经验或者已有资料选择可能的防护间距 D_0，如可设为 1800 m，以 D_0 确定观测点 $(D_0, 0, 2)$，研究激励电磁波全频段垂直穿过线路模型（$\varphi = 180°$）的无源干扰曲线，从中找出干扰极大值 S_{180}，判断该极值是否超过无线电台站允许的限值。若超过，则需增加防护间距，即 $D_l = D_l + d$，d 为增加的间距，可设为 100 m；若未超过，考虑到干扰最大值可能出现在其他入射波入射角度，因此还需进行该极值频率入射波的全方向激励校验，即 $\varphi = 0^0, 1^0, 2^0, \cdots, 360^0$，检查是否还有可能在其他方向上极值 S_{360} 超过允许值的情况。若仍未超过，则说明防护间距过大，需减小间距，即 $D_l = D_r - d$；若超过，则说明间距过小，还需增加防护间距，再次重新计算。如此循环取值到区间 $[D_l, D_r]$ 确定。

确定区间后，不断缩小防护间距存在的区间范围，流程如图 6.2（b）所示。每次取区间的中点 D_m 进行类似于图 6.2(a)的计算判断，根据结果判断防护间距在区间 $[D_l, D_m]$ 内还是在 $[D_m, D_r]$ 内，直到区间间距差小于允许值 δ 为止，即 $(D_r - D_l) \leq \delta$，根据偏安全的原则，则认为防护间距为 $D = D_r$。

该方法对全频段进行了计算，因此不用再考虑谐振频率的取值问题。同时该方法流程采用 MATLAB 编程控制，看似烦琐，实际上若选择了合适的初值和计算步长。由于不需要进行各防护距离和各频率点的全方向计算，而改为干扰未超过限值时才进行全方向计算，计算量较传统方法其实要少得多。同时该方法较全面的计算到了无线电台站的所有工作频率，计算出的防护间距更可信。

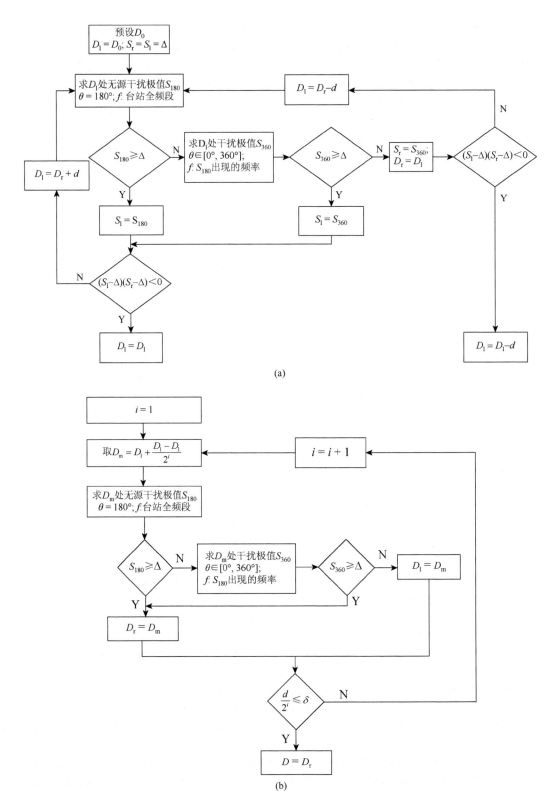

图 6.2 输电线路无源干扰防护间距的求解方法

6.1.3 无源干扰防护间距的求解算例

以我国特高压直流输电线路对调幅广播台的无源干扰防护间距求解为例,其计算过程如下。

1. 调幅广播台和特高压直流线路的参数

我国调幅广播台的工作频段为 526.5 kHz~26.1 MHz,被划为三个等级:一级台(站)、二级台(站)和三级台(站),各级所允许的干扰值分别为 0.4 dB、1.0 dB 和 1.5 dB。因此在计算防护间距的时候应有三种数据与之对应。

2. 求解流程

如果将特高压直流输电线路对无线电台站的无源影响看成无线电台站的背景电磁噪声增量[6],按照全国无线电干扰标准化技术委员会文中给出的不同无线电台站的允许背景电磁噪声增量,那么可以根据无源干扰提出特高压直流输电线路对不同等级调幅广播电台的防护间距。以调幅广播收音台一级台站为例,采用本书提出的输电线路无源干扰防护间距计算方法,计算特高压直流输电线路对调幅广播台站的防护间距流程如下。

借鉴以前的研究成果,取特高压交流输电线路对调幅广播台一级收音台防护间距的计算结果 1800 m 为初值,即计算点 $P(1800, 0, 2)$ 处[7] $\theta = 180°$ 时的台站全频段无源干扰值,结果如图 6.3 所示。计算频段为 0.5~26 MHz,以 0.1 MHz 为间隔,共计 256 个点。

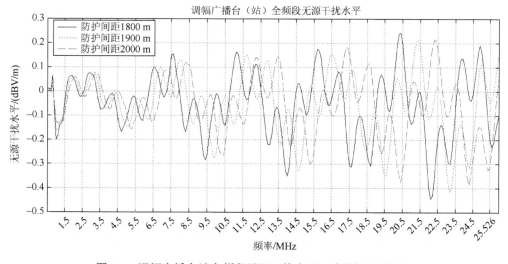

图 6.3 调幅广播台站全频段无源干扰水平(确定间隔区间)

显然,选取初值 $D_0 = 1800$ m 时,干扰极值超过了 0.4 dB;取步长为 100 m,则下一个计算点为 1900 m,极值仍超过了 0.4 dB;取下一个计算值 2000 m,可发现极值未超过 0.4 dB。

以防护间距 2000 m，极值频率 24.3 MHz，研究全方向激励时($\theta \in [0°, 360°]$)的干扰强度，如图 6.4（a）所示。从图 6.4（a）可以看出，无源干扰极值出现在 $\theta = 180°$ 方向，即全方向上该点处的干扰均未超过 0.4 dB。因此可得到防护间距所在的区间应该为[1900 m, 2000 m]。

取中间值 1950 m 为研究对象，发现极值小于 0.4 dB，则研究全方向激励时的干扰强度如图 6.4（b）所示，发现全方向上极值仍小于 0.4 dB，因此考虑 1925 m 处的情况。然而 1925 m 处极值大于 0.4 dB，因此直接考虑 1937.5 m。如此循环下去，直到求解 1943.75 m，此时防护间距区间应为[1943.75 m, 1950 m]，区间长度不到 10 m，认为求解结束，按偏安全计算，当允许干扰 0.4 dB 时，防护间距应取 1950 m。计算中各防护间距的全频段无源干扰如图 6.5 所示。其数据整理在表 6.1～表 6.3 中。

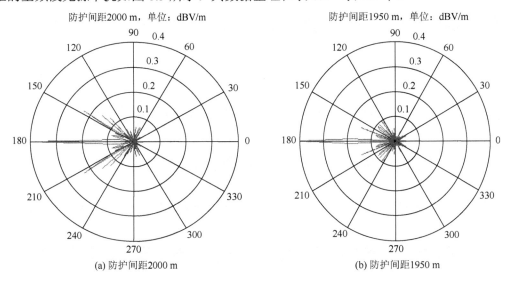

图 6.4 全方位激励时的无源干扰水平

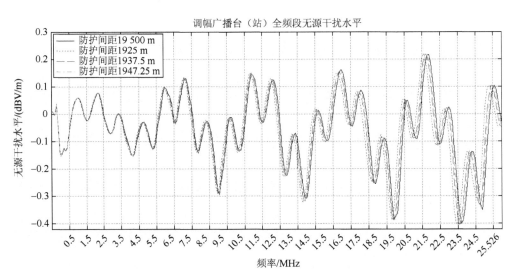

图 6.5 调幅广播台站全频段无源干扰水平（确定间距）

表 6.1 UHVDC 对调幅广播收音台一级台的防护间距计算

防护间距/m	干扰最大值/dB	最大值出现的频率/MHz	全方向计算	区间变化/m $[D_l, D_r]$
1800	−0.4456	22.1	否	/
1900	−0.4180	23.2	否	/
2000	−0.3832	24.3	是	[1900, 2000]
1950	−0.3991	23.7	是	[1900, 1950]
1925	−0.4071	23.5	否	[1925, 1950]
1937.5	−0.4048	23.6	否	[1937.5, 1950]

按照同样的方法，分别设置允许值 1.0 dB 和 1.5 dB，计算过程见表 6.2 和表 6.3。

表 6.2 UHVDC 对调幅广播收音台二级台的防护间距计算

防护间距/m	干扰最大值/dB	最大值出现的频率/MHz	全方向计算	区间变化/m $[D_l, D_r]$
500	1.5893	7.4	否	/
600	1.4476	10.1	否	/
700	1.3620	22.5	否	/
800	1..2415	23.1	否	/
900	1.1741	14.2	否	/
1000	0.9626	23.1	是	[900, 1000]
950	1.0529	21.8	否	[950, 1000]
975	0.9822	20.0	是	[950, 975]
962.5	1.0379	22.6	否	[962.5, 975]
968.75	1.0004	20.0	否	[968.75, 975]

表 6.3 UHVDC 对调幅广播收音台三级台的防护间距计算

防护间距/m	干扰最大值/dB	最大值出现的频率/MHz	全方向计算	区间变化/m $[D_l, D_r]$
500	1.5893	7.4	否	/
600	1.4476	10.1	是	[500, 600]
550	1.5022	20.3	否	[550, 600]
575	1.4830	13.0	是	[550, 575]
562.5	1.4931	14.4	是	[550, 562.5]
556.25	1.4989	15.1	是	[550, 556.25]

综上所述，调幅广播台的工作频率达到了短波频段，最高可达 26.1 MHz。因此，在求解其无源干扰防护间距时，如果以"$\lambda/4$ 谐振频率"下的无源干扰水平为标准，确定其防护间距，这是不够准确的。根据新的特高压输电线路无源干扰防护间距的求解方法，本书计算了特高压直流线路对不同等级的调幅广播台无源干扰的防护间距，提出的防护间距建议分别为一级台 1950 m、二级台 975 m、三级站 560 m。

6.2 特高压输电线路无源干扰的抑制措施

为保证无线电台站的正常工作，目前已有相应的国家标准对输电线路与各类无线电台站的避让距离进行了规定[8-9]。但在部分土地资源紧缺地区，受土地资源限制无法满足防护距离的要求，这就迫切需要一种简单、有效的方法来对电磁散射进行消除、抑制，从而保证在较小的防护间距内，将输电线路对无线电台站的电磁散射影响降低到工程可以接受的水平。

国内外对架空线路类电大尺寸导体的电磁散射抑制研究较少，最具有代表性的是 C.W.Trueman 和 S.J.Kubina 在自 1981 年[10-11]至 1994 年[12-16]的相关研究中，探讨了改变架空线路谐振频率，通过"避让频率"方式抑制对中波台站的电磁影响。其核心思想是改变构成"环形天线"的杆塔高度和间距，使环形天线的谐振频率避开邻近中波台站的工作频率在 C.W.Trueman 和 S.J.Kubina 研究的基础上，中国电力科学研究院采用更精细的计算模型对特高压线路进行研究[1, 17-19]，进一步提出了改变特定线路段架空地线的接地方式或者在架空线路初设阶段设计合理的档距，来避开邻近台站的工作频率，从而减小对无线台站的电磁散射影响的方法。日本电力中央研究院（central research institute of electric power industry，CRIEPI）也针对如何消除无源干扰影响作了深入研究，提出了通过降低杆塔和线路高度的方式改善架空线路对特高频段（very high frequency，VHF）地面电视广播的影响[18-19]。这种改变谐振频率的方法更适用于中长波频段的台站，这类台站的工作频率所对应的波长与杆塔高度或档距接近，因此可以通过调整杆塔高度或档距使得谐振频率来避开邻近台站的工作频段。这种方法对于工作在短波段的无线电台站，由于其波长短，在线路上电流呈峰谷波动分布，单纯地改变杆塔高度和档距不能有效地改变谐振结构，无法对电磁散射形成有效的抑制。

6.2.1 短波频段无源干扰的磁环抑制

为了降低架空输电线路对工作在短波频段无线电台站的影响，中国电力科学研究院提出了在架空输电线上感应电流峰值位置加装磁环的方法，从源头上对感应电流进行抑制，达到减小架空线路电磁散射对短波无线电台站的影响。首先针对实际架空线路计算其在无线电台站电磁波入射情况下的感应电流分布，然后在架空输电线上感应电流峰值位置加装磁环，从而实现抑制架空线路对邻近无线电台站的影响。为阐述上述措施，本书首先简述了磁环的阻抗频率特性，然后结合在特高压交流试验基地的无源干扰试验，验证了在架空线路加装磁环抑制无源干扰的可行性。最后分析了架空线路串联磁环对无源干扰的抑制规律，并总结了磁环的使用原则。

第 6 章 特高压输电线路无源干扰的抑制技术

1. 输电线路串联磁环的分析方法

输电线路串联磁环包括两种情况，分别是将磁环安装在杆塔和输电线路上。输电线路安装磁环前、后无源干扰简化结构图如图 6.6 所示。

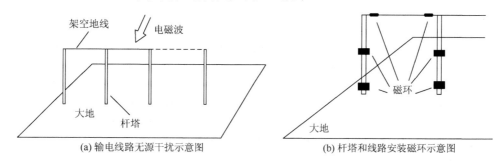

(a) 输电线路无源干扰示意图　　(b) 杆塔和线路安装磁环示意图

图 6.6　输电线路无源干扰和安装磁环示意图

输电线路接收入射的电磁波，在线路上感应出电场和产生感应电流，然后产生电磁散射。这个电磁散射的强度与输电线路上的感应电流密切相关。将磁环安装在杆塔或架空地线上，利用磁环的阻抗特性改变输电线路的高频特性，增加电磁波能量的损耗和削弱电磁波的传播，从而减小线路电磁散射对无线电台站的干扰影响。安装磁环后的等效示意图如图 6.7 所示，图中，Z_t 表示杆塔自阻抗，Z_g 表示杆塔接地阻抗，Z_l 表示架空地线阻抗。Z_s 表示磁环阻抗，Z_s 的串入增加了感应电流回路的阻抗，必然导致电流减小。

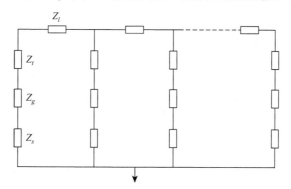

图 6.7　安装磁环后的等效阻抗网络

计算和测试[20-21]表明，对于频率较低的中波或长波，可以直接应用图 6.7 结合安培环路定律估算线路上的感应电流。但对于频率更高的短波频段，由于地线、导线、杆塔均会对空间电磁波产生散射，采用上述简化分析方法已不适合。可采用矩量法[22-23]对其中串联近磁环的导体段进行修正，具体计算步骤如下：

（1）通过测试或计算获得磁环在入射电磁波频率的阻抗 Z_s。

（2）在矩量法计算方程中，修正导体内阻抗，用串联磁环的阻抗替代原来的导体内阻抗。

因此，传统的杆塔和架空线路上感应电流的计算方程，如式（6.1）就可变换为可用于计算考虑磁环的形式，即

$$\begin{cases} \sum_{i=1}^{N} Z_{mn}\alpha_n U_m \\ Z_{mn} = \int_{l_m}\int_{l_n}\left(f_m f_n + \frac{1}{k^2}\nabla f_m \nabla' f_n\right)g\mathrm{d}l'\mathrm{d}l \\ U_m = \mathrm{j}\frac{4\pi}{k\eta}\int_{l_m} f_m \boldsymbol{E}^{\mathrm{inc}}(\boldsymbol{r})\mathrm{d}l \end{cases} \quad (6.1)$$

式中：Z_{mn} 为第 m 段导体 l_m 和第 n 段导体 l_n 之间的互阻抗；α_n 为各段电流的待求系数，即导体段 l_n 上的电流 $I_n = \alpha_n f_n$；U_m 为外部入射电磁波在第 m 段导体上感应的电压；k 为入射电磁波波数；η 为波阻抗；$m = 1, 2, \cdots, N$；N 为应用矩量法求解时杆塔和架空线路分段总数；$E_{\mathrm{inc}}(r)$ 为入射电磁波在各导体段上的电场强度；f_m 和 f_n 别表示 l_m 和 l_n 段导体上的电流的基函数；g 为计算点电流源在空间产生电位的格林函数。

考虑磁环阻抗后，反映入射电磁波 $E_{\mathrm{inc}}(r)$ 在导体段上的感应电压 U_m 不变。加装磁环后，其阻抗 Z_s 需要叠加到考虑各段电流间相互影响形成的阻抗矩阵中。假设磁环所在导体段为第 l_p 段，其电流基函数为 f_p，则修正后的阻抗矩阵元素 Z_{pn} 为

$$Z_{pn} = \int_{l_p}\int_{l_n}\left(f_p f_n + \frac{1}{k^2}\nabla f_p \nabla' f_n\right)g\mathrm{d}l'\mathrm{d}l + Z_s f_p \quad (6.2)$$

其余各元素保持不变，即可得到短波频段内考虑磁环阻抗情况下的线路电流计算方程，实现对输电线路加装磁环后无源干扰的计算。需要说明的是，线路串联安装磁环是指将磁环直接套在线路导体上，由于磁环在工频下呈现低阻状态，不影响线路的正常运行。线路遭受直击雷时，地线和杆塔中会有高频电流流过，同时线路遭受雷电绕击时，地线会感应高频电流。根据雷电流特性和大量实测分析可得，杆塔上的频率≤1 MHz，且雷电流持续时间很短，因此选择 1 MHz 以下频率阻抗较小的磁环，不会影响线路的防雷设计，同时线路的高频入地电流也不会破坏磁环抑制短波频段无源干扰的功能。

2. 磁环参数测试

磁环是电磁兼容领域常用的磁材料产品，最常用的是表 6.4 中锰锌和镍锌两种软磁性铁氧体材料制造的磁环。应用阻抗分析仪可以测试磁环的阻抗特性，测试时，铜质导线单匝穿过磁环，导线两端接网络分析仪测量端。首先测量无磁环时导线的阻抗特性，记为 Z_0；再测量磁环穿过时导线的阻抗特性，记为 Z'。磁环的阻抗特性 $Z = Z' - Z_0$。

表 6.4 磁环材质和规格

材质	规格尺寸(外径×长度×内径)/mm
锰锌 PC95 型	10.0×5.0×6.0
镍锌 Z4 H 型	14.2×28.5×6.3

本书分别给出了应用 Agilent4294A 型阻抗分析仪测试得到的不同类型、不同数量磁环的阻抗特性,如图 6.8、图 6.9 所示。由图 6.8、图 6.9 可见,锰锌材质的磁环阻抗在 10 MHz 附近较大,镍锌材质的磁环阻抗随着频率增加而增大。另外,虽然磁环存在饱和现象,阻抗值并不随着个数的增加等比例增大。在本节试验中,磁环数量较少时,磁环的阻抗特性与数量基本呈线性变化;在实际应用中可以结合无线电台站的工作频率选择合适的磁环类型和数量。

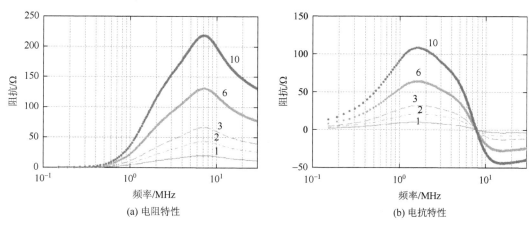

图 6.8　不同数量的 PC95 材质磁环阻抗特性

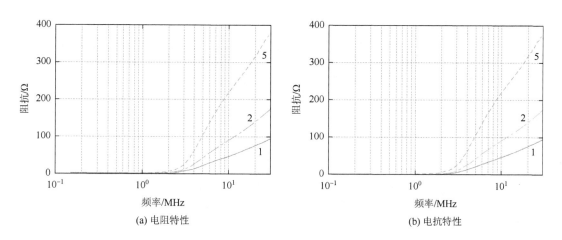

图 6.9　不同数量的 Z4 H 材质磁环阻抗特性

3. 架空线路串联磁环电磁散射试验及分析

1)试验设计

为了验证架空输电线路串联磁环对电磁散射抑制的有效性,中国电力科学研究院武汉分院在交流特高压试验基地开展了架空线路串联磁环的电磁散射试验,试验布置如图 6.10 所示。

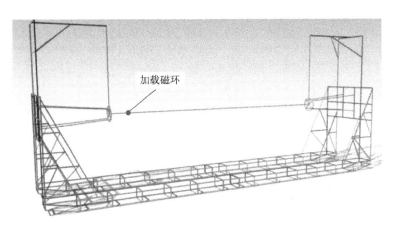

图 6.10 试验模型示意图

架空线路长 13 m，距地面 4.26 m，线路为单根铜线，且与杆塔相连。试验时，在距离线路 100 m 远处放置短波天线，保持恒定功率发射 30 MHz 水平极化电磁波。

试验时，还在金属线路不同位置串联不同类型和数量的磁环，应用高频电流线圈和无线电干扰接收机测试线路上均匀分布的 37 个不同位置处的感应电流。

2）感应电流计算值与测量值的对比

为验证串联磁环后导线感应电流计算方法的有效性，计算了外部电磁波入射情况下导线上的感应电流，并与测试结果进行了对比，如图 6.11 所示。由图 6.11 可见，虽然数值计算与试验测试得到导线上的感应电流最大相对偏差约为 20%，但是导线上的感应电流呈峰谷波动分布，且计算结果与测试结果的变化趋势完全相同。这表明本书的计算方法基本正确，并可用于预测感应电流最大值和沿线分布。

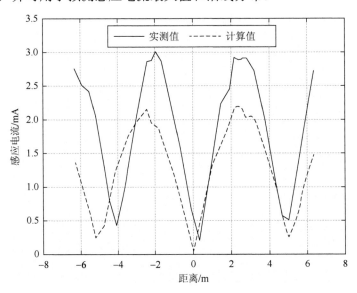

图 6.11 导线感应电流的计算值与测试值对比

3）不同类型磁环特性抑制感应电流的试验分析

由磁环的特性可知，不同类型的磁环具有不同的阻抗特性，最大阻抗对应的频率不同，因此对感应电流的抑制效果也不同。

为了实现对感应电流的抑制，试验时，在距离中心约 3.1 m 和导线与金属架构连接位置串联磁环，并对比了以下三种情况下感应电流的测试结果：

（1）架空输电线路上不串联磁环。

（2）架空输电线路上串联 10 个锰锌磁环。

（3）架空输电线路上串联 5 个镍锌磁环。

图 6.12 给出上述三种情况下的测试结果，分别用"无磁环""PC95"和"Z4 H"表示。由图 6.12 可见，对于 30 MHz 的入射电磁波，锰锌 PC95 型磁环的串入可使感应电流的峰值从 4 mA 降到 2.2 mA，镍锌 Z4 H 型磁环的串入可使感应电流的峰值从 4 mA 降到 1.2 mA。镍锌 Z4 H 型磁环对线路感应电流的抑制效果明显优于锰锌 PC95 型磁环。

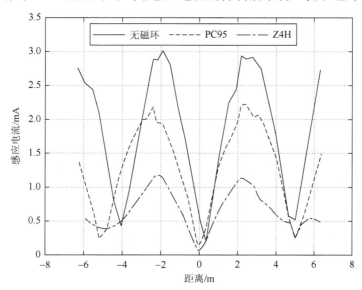

图 6.12　不同类型磁环抑制效果测试结果对比

4）磁环位置对抑制感应电流的试验分析

为对比在输电线路上不同位置串联磁环对感应电流的影响，本节对比了以下三种情况下感应电流的测试结果：

（1）架空线路上不串联磁环。

（2）在 4 个感应电流最大值点（即图 6.11 的计算值峰值点）处串联磁环。

（3）在三个感应电流最小值点（即图 6.11 中的计算值最小值点）处串联磁环。

分别在上述位置串联磁环组（由 5 个镍锌 Z4 H 型磁环组成），得到的测试结果如图 6.13 所示，图中分别用'None''Max'和'Min'表示三种测试结果。

由图 6.13 可见，在不同位置串联磁环的抑制效果有很大区别，在感应电流最大值处串联磁环的抑制效果优于在感应电流最小值处串联磁环。

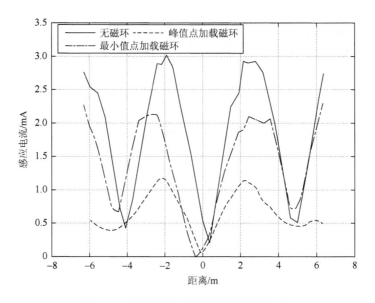

图 6.13 磁环位置对抑制效果的试验对比

5）磁环个数对抑制感应电流的试验分析

本书对比了在感应电流最大位置处串联 1、2、5、10 个 Z4H 磁环对感应电流的抑制效果，测试结果如图 6.14 所示。

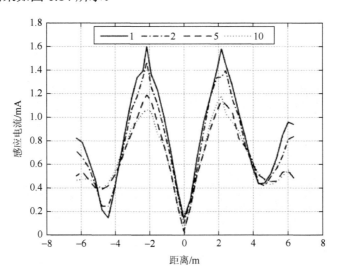

图 6.14 不同数量磁环抑制效果测试结果对比

由图 6.14 可见，串联 1 个磁环可以将感应电流的最大值从 4 mA 降到 2 mA，降幅最大。随着磁环数量的增加，感应电流虽然持续下降，但串联 5 个磁环与 10 个磁环的抑制效果相对不明显。这表明串联磁环的抑制效果存在饱和现象。因此在实际应用中需要考虑这一饱和现象，从而合理经济的选择磁环数量。

6）磁环抑制效果试验总结

对测试结果进行分析可得以下结论。

（1）应用磁环降低电磁散射影响的效果与磁环的阻抗特性和安装位置相关，并且抑制效果随磁环数量增加呈现饱和现象。

（2）磁环的选择需考虑短波发射台或接收台的工作频率，尽量选择在工作频率点阻抗较大的磁环。

（3）磁环的安装位置要选择线路上感应电流最大值的位置。

4. 应用磁环降低实际线路电磁散射影响的计算分析

上述试验测试表明，磁环可以抑制导线上的感应电流。本章建立了实际输电线路计算模型，并分析了磁环对实现线路无源干扰影响的抑制效果。如图 6.15 所示，建立档距为 450 m 的三级酒杯杆塔计算模型，应用本书提出的计算方法，对比了 30 MHz 电磁波水平和垂直两种极化情况下，在相线和地线上每个感应电流峰值点串联 5 个 Z4 H 磁环对感应电流的抑制效果。

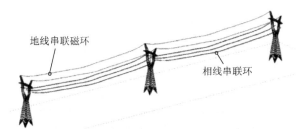

图 6.15　三级酒杯塔计算模型

表 6.5 中，仅有相线串联磁环，指在相线上全部感应电流最大值位置处串联磁环，地线上不串联磁环。与此相同，仅有地线串联磁环，指在地线上全部感应电流最大值位置处串联磁环，相线上不串联磁环。

表 6.5　230 MHz 情况下感应电流最大值的对比

极化类型	感应电流最大值/mA			
	无磁环	仅有相线串联磁环	仅有地线串联磁环	相线地线均串磁环
水平极化	4324	1501	2003	1213
垂直极化	2547	2231	1232	1166

由表 6.5 计算结果可得，对于电磁波水平极化，相线和地线均串联磁环才能够实现对感应电流的有效抑制。而电磁波垂直极化时，只要在地线上串联磁环，就可以实现对感应电流的有效抑制。这是因为电磁波垂直极化时，主要散射体是杆塔，相线和地线与

入射电磁波电场垂直，几乎不感应电流。同时计算结果表明，串联磁环可以有效抑制由于电磁感应在线路上产生的电流。需要说明的是，由于杆塔同样是主要的散射体，如果需要对散射场进行更有效的抑制，同样需要在杆塔上安装磁环。

5. 小结

（1）提出了在输电线路安装磁环后的建模和计算方法，并对磁环的阻抗特性进行分析，结合在特高压交流试验基地的电磁散射试验，验证了在架空线路加装磁环可以实现对电磁散射的抑制。

（2）分析了架空线路加装磁环对电磁散射的抑制规律，表明磁环可以实现对短波频段电磁散射影响的有效抑制。但抑制效果与磁环的阻抗特性和安装位置相关，且抑制效果随磁环数量增加而增加。

（3）建议在安装磁环抑制无源干扰时，必须结合短波台站的工作频率，选择在台站工作频段阻抗大的磁环，并且结合数值计算，将磁环串联安装在线路上电流最大值的位置。

6.2.2　无源干扰谐振的解谐方法

本章 6.2.1 节所提出了采用磁环增加电磁波能量的损耗和削弱电磁波传播的方法。但实际上该方法涉及的磁环材料特性参数确定较为烦琐，且只能近似设定，同时，磁环材料的成本高，磁环安装的施工难度大。特别需要指出的是，该方法要求圆形的磁环套在杆塔或地线上，这种方法只能适用于输电线路在架线施工时采用，无法适用于建成后的线路。因此，针对已投运的线路对邻近无线电台站的无源干扰问题，需要一种新的方法和装置，解决线路投运后出现的二次辐射问题。

在此，基于中波频段特高压输电线路"环路"的二次辐射极大值的产生机理，本书针对特高压输电线路铁塔与地线相连的情况，提供了一种能够抑制特高压输电线路"环路"对邻近无线电台站二次辐射的方法；针对特高压输电线路铁塔与地线绝缘的情况，提供了一种能够抑制特高压输电铁塔对邻近无线电台站二次辐射的方法。

1. 中波频段特高压输电线路"环路"二次辐射的抑制方法及装置

根据天线理论可知，当频率为中波频段（0.3～3 MHz）时，电磁波波长范围为 1000～100 m，而特高压铁塔高度一般为 40～120 m，因此，特高压输电铁塔可视为垂直于地面的天线。当铁塔与地线相连时，2 基铁塔和相连地线，以及它们的大地镜像组成闭合"环路"。该闭合"环路"可视为环形天线。当闭合"环路"的边长为台站工作频率波长的整数倍（N 倍）时，类似于环形天线，整个闭合"环路"的二次辐射达到极大值，并且会在"环路"中出现大幅值的感应电流，该电流沿地线呈驻波分布。驻波电流产生的二次辐射电磁波与原入射电磁波叠加，改变了原入射电磁波的幅值和相位，从而对邻近各类无线电台站造成强烈的干扰。

根据"环路"产生二次辐射极大值时地线驻波电流的分布特点,基于将某些铁塔和地线绝缘隔离的思想,通过在输电铁塔和地线之间安装"可调电阻式解环器",提出从宏观上破坏闭合"环路"的方法,避免特高压输电线路对邻近各类无线电台站的无源干扰。

1)"环路"二次辐射极大值频率

单个档距"环路"的边长为台站工作频率波长的整数倍(N倍)时,整个"环路"的二次辐射达到极大值。单个档距"环路"的二次辐射极大值频率计算公式如下

$$f_R = \frac{N_c}{L} \tag{6.3}$$

式中:L 为地线及两端铁塔和大地镜像构成"环路"的周长,$L = 2(h_1 + h_2 + l_1)$,h_1、h_2 分别为相邻 2 基铁塔的高度(m),l_1 为 2 基铁塔间的档距(m);c 为真空中光速;N 为正整数,$N = 1, 2, 3, \cdots$。单个档距"环路"的驻波电流分布如图 6.16 所示。

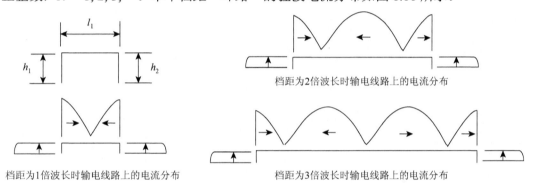

图 6.16 单个档距"环路"长度为 1λ、2λ、3λ 时输电线路上的电流分布

若在该"环路"的某一基铁塔与地线之间安装"可调电阻式解环器",使该基铁塔与绝缘隔离,即该铁塔的相邻 2 档合并成为 1 个档距(简称 2 个档距"环路"),2 个档距"环路"的周长为 $L = 2(h_1 + h_3 + l_1 + l_2)$。2 个档距"环路"的驻波电流分布如图 6.17 所示。

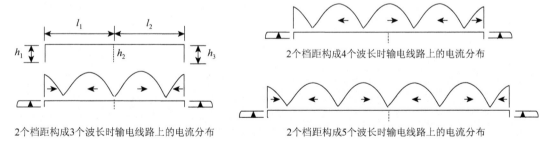

图 6.17 2 个档距"环路"长度为 3λ、4λ、5λ 时输电线路上的电流分布

若将 2 个档距"环路"的某一端铁塔与地线绝缘隔离,即该铁塔的相邻档距和 2 个档距"环路"合并成为 3 个档距"环路",3 个档距"环路"的周长为 $L = 2(h_1 + h_4 + l_1 + l_2 + l_3)$。3 个档距"环路"的驻波电流分布如图 6.18 所示。

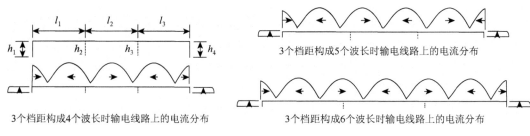

图 6.18　3 个档距"环路"长度为 4λ、5λ、6λ 时输电线路上的电流分布

2）可调电阻式解环器

"可调电阻式解环器"由刷上绝缘漆的电阻丝、滑片、接线柱、磁筒组成。"可调电阻式解环器"的电阻值由电阻丝长度决定，电阻丝绕成线圈，通过改变接入电路的电阻丝长度，从而改变电阻值。该装置的一端与地线支架之间通过螺栓连接，另一端通过悬垂线夹与地线相连。图 6.19 展示了"可调电阻式解环器"结构及安装示意图。

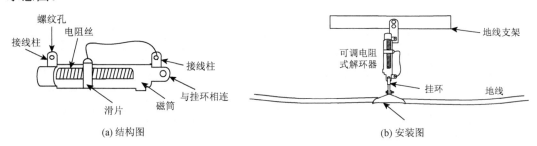

图 6.19　"可调电阻式解环器"结构及安装示意图

3）具体实施方法

(1) 计算地线及相邻 2 基铁塔和大地镜像所形成"环路"的长度，求解各"环路"的 N 倍波长二次辐射极大值频率（N 取正整数）。

(2) 比较邻近中波台站的工作频率及各"环路"的二次辐射极大值频率，若两者相等，则可预测该"环路"产生强烈的二次辐射。

(3) 通过在输电铁塔和地线之间安装"可调电阻式解环器"，将该"环路"的某一基铁塔与地线绝缘隔离，即该铁塔的相邻 2 档合并成为 1 个档距（简称 2 个档距"环路"），计算 2 个档距"环路"的 N 倍波长二次辐射极大值频率。

(4) 当 2 个档距"环路"的二次辐射极大值频率与中波台站的工作频率不相等时，则可确认第三步骤采取的解环方法有效，即实际工程中在 2 个档距的中央特高压铁塔与地线之间安装"可调电阻式解环器"；当 2 个档距"环路"的二次辐射极大值频率与中波台站的工作频率相等时，则 2 个档距"环路"产生强烈的二次辐射，需增加新的 1 基与地线绝缘的铁塔，形成 3 个档距"环路"。

(5) 重复上述步骤，直到 N 个档距"环路"的二次辐射极大值频率与中波台站的工作频率不相等为止。

4)算例

为了便于计算,铁塔可以简化成一根"细"导线,即将铁塔等效成直径数米的直线模型,如图 6.20 所示。两根地线可等效成单根地线,如图 6.21 所示,单根地线的"等效直径"和地线实际直径的关系式如下

$$d_1 = \frac{2\sqrt{dh}}{\sqrt[4]{1+(2h/D)^2}} \tag{6.4}$$

式中:D 表示两条地线之间的距离;d 表示地线的实际直径;h 表示地线的平均对地高度;d_1 表示两条地线的"等效直径"。

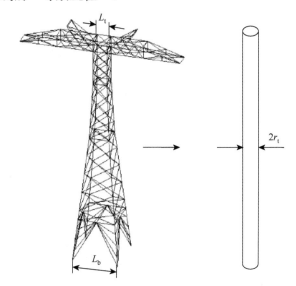

图 6.20 铁塔的简化过程示意图

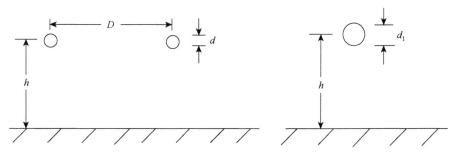

图 6.21 双地线的简化过程示意图

以±800 kV 向家坝—上海特高压直流输电线路 49#–51#铁塔间的 2 个档距为实施例,2 个档距均为 400 m,特高压铁塔的塔高为 80 m,50#铁塔正对中波无线电台站(工作频率为 530 kHz),计算单个档距"环路"的 N 倍波长二次辐射极大值频率

$$f_R = \frac{3\times 10^8 N}{2\times(400+80+80)} = 268N \quad (\text{kHz}) \tag{6.5}$$

则 1 倍、2 倍、3 倍波长二次辐射极大值频率分别为 268 kHz、536 kHz、804 kHz。2 倍波长二次辐射极大值频率和中波无线电台站的工作频率相近，因此预测单个档距"环路"的二次辐射达到极大值。

通过在输电铁塔和地线之间安装"可调电阻式解环器"，采取解环的方法将中间特高压铁塔与地线相绝缘，按照同样的方法计算 2 个档距"环路"的 N 倍波长二次辐射极大值频率

$$f_R = \frac{3 \times 10^8 N}{2 \times (400 + 400 + 80 + 80)} = 156N \quad (\text{kHz}) \tag{6.6}$$

则 3 倍、4 倍波长二次辐射极大值频率分别为 468 kHz、624 kHz，与中波无线电台站的工作频率相差加大，差值均超过"环路"二次辐射极大值频率带宽（±60 kHz），因此预测 2 个档距"环路"的二次辐射不能极大值。

根据计算模型和矩量法，求解中间特高压铁塔与地线相连和绝缘情况下场强观测点处的无源干扰水平分别为 0.5643 dB、0.1812 dB，并求得沿地线分布的感应电流大小，如图 6.22 所示。

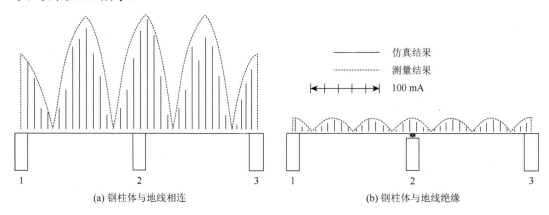

图 6.22 地线感应电流分布图

2. 中波频段特高压输电线路铁塔二次辐射抑制装置

1）具体原理

以天线理论为基础，认为二次辐射最大值主要取决于激励电磁波的波长和铁塔的高度。设铁塔为垂直接地导线的有效高为 h_a，离激励天线的距离为 h，被测来波发射台的场强大小为为 E，则有垂直导体（铁塔）中感应的电动势为

$$\varepsilon_{\text{induce}} = E \cdot h_a = E \cdot \frac{\lambda}{2\pi} \tan(\pi l_a / \lambda) \tag{6.7}$$

式中：l_a 为垂直接地金属导体（铁塔）的高度；λ 为波长。根据半波天线理论，认为当铁塔高度达 $\lambda/4$ 时，铁塔感应电动势有最大值。但试验与仿真计算结果表明，铁塔和地

线不相连时,干扰最大值出现的频率不能与上述结论严格吻合,两者存在一定的差异。这是由于铁塔是在平面波激励下才产生二次辐射,这和从天线中心进行馈电的发射天线在受激励发射电磁波情况不同;同时铁塔相互之间还存在耦合作用,对电磁波形成多次折反射,造成观测点场强的变化极为复杂。

因此,这种平面电磁波激励下的铁塔二次辐射最大值和本身就是发射源的天线辐射最大值应该有所区别,铁塔的二次辐射最大值频率需要通过场强观测点处的无源干扰水平射频图确定。为了便于计算,将特高压输电铁塔简化为如图6.20所示的直线模型,结合电磁散射原理及图6.23所示的无源干扰数值求解模型,建立特高压输电铁塔直线模型对应的电场积分方程,并利用矩量法求解感应电流的数值,进而得到场强观测点处的无源干扰水平。

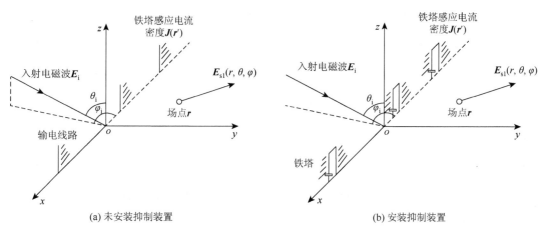

图 6.23 无源干扰数值求解模型示意图

根据前述计算得到的铁塔二次辐射最大值频率,将该频率对应的波长和铁塔的高度进行比较,通过切换开关以及调节电容或电感等操作,可以对铁塔无源干扰抑制装置的感应电流进行调节,使其与铁塔的感应电流大小相等、相位相反。此时,特高压输电铁塔二次辐射抑制装置和铁塔产生的二次辐射电磁波的幅值相等、相位相反,恰好相互抵消,对铁塔附近的无线电台站的信号不产生影响。当铁塔高度为 $\lambda/4$ 时,开关切换到短截铝绞线所在支路,可以极大地削弱场强观测点处的无源干扰水平;当铁塔高度小于 $\lambda/4$ 时,开关应切换到可调电容所在支路;当铁塔高度大于 $\lambda/4$ 时,开关应切换到可调电感所在支路。

2)铁塔无源干扰抑制装置

特高压输电铁塔二次辐射抑制装置由铝绞线、可调电容、可调电感、短截铝绞线和接地装置组成。该装置的铝绞线的一端连接铁塔塔顶,另一端在距离地面一定高度的位置处通过可调电感、可调电容及短截铝绞线并联的方式与接地装置连接。铝绞线的长度与铁塔的高度相同,铝绞线和铁塔之间的距离始终保持一定距离。图6.24和图6.25分别展示了特高压输电铁塔二次辐射抑制装置及其安装示意图。通过切换开关以及调节电容、电感的大小，该装置可以使场强观测点处的无源干扰水平达到最小值，避免特高压输电铁塔对邻近无线电台站的无源干扰。

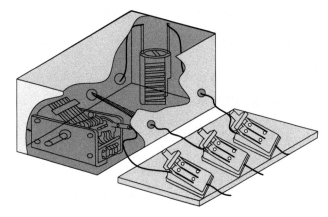

图 6.24　特高压输电铁塔二次辐射抑制装置

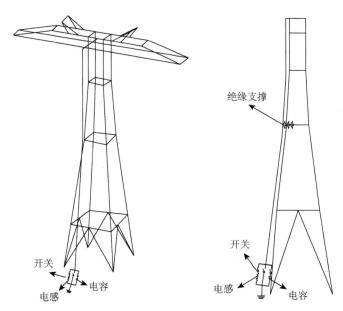

图 6.25　特高压输电铁塔二次辐射抑制装置的安装示意图

3）具体实施方法

（1）采用垂直极化平面电磁波作为激励源，建立铁塔计算模型，根据矩量法及铁塔直线模型对应电场积分方程，求得整个中波频段内场强观测点处的无源干扰水平以及铁塔上分布的感应电流。

（2）通过场强观测点处的无源干扰水平射频图，确定特高压输电铁塔的二次辐射最大值频率点。

（3）根据 $\lambda/4$ 和铁塔高度的大小，确定特高压输电铁塔二次辐射抑制装置的电气参数和几何参数。

（4）调整发明装置的电容与电感值，当铁塔高度为 $1/4\lambda$ 时，开关切换到短截铝绞线所在支路；当铁塔高度小于 $1/4\lambda$ 时，开关切换到可调电容所在支路；当铁塔高度大于 $1/4\lambda$ 时，开关切换到可调电感所在支路。

4）算例

图 6.26 展示了计算模型中的特高压输电铁塔二次辐射抑制装置和特高压铁塔的感应电流等效电路图。特高压输电铁塔二次辐射抑制装置和铁塔的感应电流都非常大，可选择合适的电容值或电感值可以使 2-6#与 7-11#线单元的感应电流相量和等于 0。

对于 ±800 kV 向家坝—上海特高压直流输电线路 ZP30101 型典型铁塔，铁塔高度小于 $\lambda/4$ 时，开关切换到可调电容所在支路。当电容值较小时，根据容抗的计算公式 $X_C = 1/(2\pi fC)$，容抗将很大，相当于铝绞线与铁塔开路，此时铝绞线的感应电流很小，产生的二次辐射场不能与铁塔二次辐射场相抵消；当电容值较大时，容抗很小，相当于铝绞线与铁塔短路，此时铝绞线的感应电流很大且相位与铁塔感应电流相位相同，同样不能抵消铁塔二次辐射场的目的；

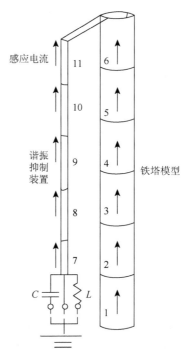

图 6.26 铁塔二次辐射抑制装置感应电流等效电路图

当电容值对应的容抗等于该频率下等效电路的感抗时，铝绞线和铁塔的感应电流幅值相等且相位相反，此时铝绞线和铁塔产生的二次辐射场恰好抵消。

参 考 文 献

[1] GAN Z Y，LIU X F，ZHANG G Z，et al. Research on protecting distance between AM receiving stations and UHV AC TL[C]//IEEE Asia-Pacific International EMC Symposium. Singapore：IEEE，2008：803-806.

[2] 干喆渊，张小武，张广洲，等. 特高压输电线路对调幅广播台站的无源干扰[J]. 电网技术，2008，32（2）：9-12.

[3] IEEE. IEEE Standard 1260—1996 IEEE guide on the prediction，measurement，and analysis of A. lM broadcast reradiation by pocer lines[S]. New York：IEEE，Inc，1996.

[4] TRUEMAN C W，KUBINA S J. Fields of complex surfaces using wire grid modeling[J] IEEE Transactions on Magnetics，1991，27（5）：4262-4267.

[5] 唐波，文远芳，张小武，等. 中短波段输电线路无源干扰防护间距求解的关键问题[J]. 中国电机工程学报，2011，31（19）：129-137.

[6] 中华人民共和国国家新闻出版厂总局，水利电力部. GB 7495—1987 架空电力线路与调幅广播收音台的防护间距[S]. 北京：中国标准出版社，1987.

[7] 国家电力公司. DL/T69119 高压架空送电线路无线电干扰计算方法[S]. 北京：中国标准出版社，1999.

[8] 中华人民共和国国家标准架空电力线路与调幅广播收音台的防护间距：GB 7495—1987[S]，1987.

[9] 中华人民共和国国家标准. 短波无线电收信台（站）及测向台（站）电磁环境要求：GB 1314—2012，2012.

[10] TRUEMAN C W, KUBINA S J. Numerical computation of the rera-diation from power lines at MF frequencies[J]. IEEE Transactions on Broadcasting，1981，27（2）：39-45.

[11] TRUEMAN C W，KUBINA S J，BALTASSIS C. Corrective measures for minimizing the interaction of power lines with MF broadcast an-tennas[J]. IEEE Transactions on Electromagnetic Compatibility，1983，25（3）：329-339.

[12] TRUEMAN C W，KUBINA S J，MADGE R C，et al. Comparison of computed RF current flow on a power line with full scale measure-ments[J]. IEEE Transactions on Broadcasting，1984，30（3）：97-107.

[13] TRUEMAN C W，KUBINA S J. Power lines：broadcastings problem child[J]. IEEE Potentials，1988，7（2）：38-40.

[14] TRUEMAN C W，KUBINA S J，BALTASSIS C. Ground loss effects in power line reradiation at standard broadcast frequencies[J]. IEEE Transactions on Broadcasting，1988，34（1）：24-38.

[15] TRUEMAN C W，MISHRA S R，KUBINA S J，et al. Rcs of resonant scatterers with attached wires[J]. IEEE Transactions on Antennas and Propagation，1993，41（3）：351-354.

[16] TRUEMAN C W，KUBINA S J. Scattering from power lines with the skywire insulated from the towers[J]. IEEE Transactions on Broad-casting，1994，40（2）：53-62.

[17] 干喆渊，张小武，张广洲，等. 特高压输电线路在短波段的二次辐射简化算法[J]. 高电压技术，2008，34（11）：2283-2287.

[18] 张建功，干喆渊，赵志斌，等. 架空线路电磁散射的混合建模快速算法[J]. 高电压技术，2015，41（12）：4184-4190.

[19] BALMAIN K G，TILSTON M A. A microcomputer program for predicting am broadcast re-radiation from steel tower power lines[J]. IEEE Transactions on Broadcasting，1984，30（2）：50-56.

[20] BALMAIN K. G. KAVANAUGH S J. High rise building reradiation and detuning at MF[J]. IEEE Transactions on Broadcasting，1984，30（8）：8-16.

[21] 李庆民，吴明雷，张国强. 铁磁性材料在抑制 GIS 高频暂态应用中的仿真分析方法[J]. 电工技术学报，2005，20（5）：30-34.

[22] 关永刚，廖福旺，岳功昌，等. 应用高频磁环并联阻尼电阻抑制变压器雷过电压的方法[J]. 电网技术，2010，34（5）：149-154.

[23] TANG B，WEN Y F，ZHAO Z B，et al. Computation model of the reradiation interference protecting distance between radio station and UHV power lines[J]. IEEE Transactions on Power Delivery，2011，26（2）：1092-1100

附 录

附表 1　单基角钢铜塔实测数据　　　　　　　　（单位：dBμV）

距离接收天线距离频率	1 m	1.5 m	2 m	2.5 m	3 m	背景噪声
1	76.1	74.9	82.2	83.2	82.9	87.7
1.1	84.3	83.9	86.1	85.3	83.6	89.9
1.2	63.7	77	81.3	83.8	83.9	90.1
1.3	79	80.7	82.4	85.2	85.8	91.2
1.4	83.6	80	81	85.1	88	93.1
1.5	81	82.3	84.6	85.7	87.4	91.6
1.6	82.9	84.3	79.1	84.1	86.3	91.3
1.7	77.2	82	77.7	80.4	82.5	87.8
1.8	78.8	83.4	82.1	77	76.3	84.1
1.9	74.1	75.7	74.2	67.4	73.8	78
2	62.1	71.5	77.6	77.5	72	76.7
2.1	65.9	71.8	72	73.2	70.7	79.5
2.2	69.7	74.6	79.9	81.3	83.5	85.7
2.3	76.9	75.7	78.4	82.5	83.2	87.1
2.4	76.7	77.7	81.2	81.8	82.5	87.2
2.5	75.5	78.6	80.1	81.6	82.3	87.3
2.6	77.9	78.3	81.3	82.1	83.2	87.6
2.7	79.6	79.1	80	81.3	81.4	86.8
2.8	78.1	77.9	78	78.9	79.9	85.1
2.9	77.1	78.7	78.4	80.2	80.6	85.3
3	71.7	72.7	77.4	77.8	79	83.1

附表 2　SAS-571 型喇叭天线的天线系数

f/GHz	AF/(dB/m)	f/GHz	AF/(dB/m)
0.7	27.1	9.0	39.0
0.8	24.0	9.5	39.2
0.9	23.4	10.0	39.4
1.0	24.2	10.5	40.4
1.5	25.3	11.0	40.2
2.0	27.7	11.5	40.3
2.5	29.5	12.0	41.1
3.0	30.1	12.5	41.1
3.5	31.1	13.0	41.2
4.0	32.9	13.5	40.6
4.5	33.2	14.0	41.6
5.0	34.9	14.5	41.9
5.5	34.2	15.0	41.1
6.0	36.5	15.5	39.8

续表

f/GHz	AF/(dB/m)	f/GHz	AF/(dB/m)
6.5	36.9	16.0	41.1
7.0	38.8	16.5	42.5
7.5	41.0	17.0	43.7
8.0	40.2	17.5	44.3
8.5	39.7	18.0	46.0

附表 3　暗室试验测量值转化为空间场强数据　　　　　（单位：V/m）

频率/MHz	散射场	频率/MHz	散射场	频率/MHz	散射场	频率/MHz	散射场
31	1.911	48.5	1.881	40	1.897	58.5	1.900
31.5	1.909	49	1.884	40.5	1.877	59	1.884
32	1.893	49.5	1.893	41	1.888	59.5	1.881
32.5	1.886	50	1.893	41.5	1.882	60	1.886
33	1.887	51.5	1.890	42	1.892	60.5	1.891
33.5	1.891	52	1.891	42.5	1.900	61	1.898
34	1.896	52.5	1.894	43	1.897	61.5	1.905
34.5	1.898	53	1.891	43.5	1.891	62	1.904
35	1.898	53.5	1.880	44	1.887	62.5	1.908
35.5	1.898	54	1.877	44.5	1.890	63	1.911
36	1.892	54.5	1.880	45	1.891	63.5	1.908
36.5	1.887	55	1.881	45.5	1.890	64	1.905
37	1.890	55.5	1.885	46	1.896	64.5	1.907
37.5	1.891	56	1.883	46.5	1.896	65	1.909
38	1.895	56.5	1.882	47	1.893	65.5	1.898
38.5	1.902	57	1.887	47.5	1.885	66	1.907
39	1.910	57.5	1.910	48	1.878	66.5	1.907
39.5	1.901	58	1.903				

附表 4　SAS-545 型双锥天线的天线系数

f/MHz	AF/(dB/m)	f/GHz	AF/(dB/m)	f/MHz	AF/(dB/m)	f/GHz	AF/(dB/m)
20	42.1	375	22.2	90	31.0	725	26.2
25	40.4	400	22.0	95	31.0	750	26.7
30	41.2	425	24.5	100	30.9	775	27.1
35	39.7	450	24.3	125	26.9	800	25.6
40	39.3	475	25.3	150	22.8	825	26.2
45	38.6	500	26.0	175	18.5	850	26.4
50	38.1	525	24.0	200	18.7	875	26.2

续表

f/MHz	AF/(dB/m)	f/GHz	AF/(dB/m)	f/MHz	AF/(dB/m)	f/GHz	AF/(dB/m)
55	38.4	550	26.5	225	15.1	900	27.3
60	36.8	575	24.1	250	16.5	925	27.1
65	36.1	600	24.9	275	20.2	950	27.7
70	35.9	625	26.5	300	18.8	975	29.2
75	35.5	650	25.0	325	21.3	1000	30.0
80	33.4	675	26.3	350	23.5		
85	32.5	700	26.9				

附表 5 开阔场试验测量值转化为空间场强数据 （单位：V/m）

频率/MHz	3基铁塔,档距500 m	5基铁塔,档距500 m	7基铁塔,档距500 m	5基铁塔,档距300 m	5基铁塔,档距700 m	频率/MHz	3基铁塔,档距500 m	5基铁塔,档距500 m	7基铁塔,档距500 m	5基铁塔,档距300 m	5基铁塔,档距700 m
3.2	1.964	2.020	2.117	2.040	2.104	7.8	2.085	1.999	1.903	2.005	1.960
3.4	1.982	2.044	2.059	2.012	2.028	8	2.076	2.040	2.132	2.170	1.980
3.6	2.093	2.073	1.963	1.836	1.864	8.2	2.059	2.143	2.151	2.071	1.844
3.8	2.094	2.044	1.991	1.859	2.086	8.4	2.057	2.117	2.025	2.169	1.894
4	1.981	1.905	1.942	1.941	2.217	8.6	2.069	2.075	2.049	2.271	2.158
4.2	2.036	1.947	1.940	1.815	2.167	8.8	1.963	1.980	2.023	2.152	2.010
4.4	2.059	2.029	1.941	1.899	2.077	9	1.966	1.833	1.713	2.216	2.081
4.6	1.965	1.919	2.102	2.032	2.014	9.2	1.878	1.867	2.011	2.074	2.108
4.8	1.969	2.000	1.876	1.943	2.063	9.4	1.904	1.979	1.936	2.119	2.079
5	1.904	1.877	1.801	2.095	1.995	9.6	1.947	1.959	1.889	1.971	1.917
5.2	2.014	1.871	1.897	2.140	1.926	9.8	1.817	1.927	1.995	2.028	1.927
5.4	1.879	1.911	1.846	2.072	1.979	10	1.818	1.929	1.829	1.999	2.111
5.6	1.932	2.003	1.945	2.076	1.902	10.2	1.994	1.895	1.888	2.016	1.919
5.8	1.856	2.060	2.022	2.090	1.968	10.4	1.985	1.796	1.798	2.021	1.882
6	1.785	1.997	1.873	2.047	1.943	10.6	1.877	1.812	1.973	1.904	1.863
6.2	1.846	1.784	1.910	2.059	1.867	10.8	1.877	1.812	1.924	1.939	1.915
6.4	1.909	1.894	1.875	2.001	2.013	11	2.063	2.031	1.946	1.921	1.892
6.6	2.047	1.826	1.816	2.094	2.207	11.2	1.808	2.003	2.046	1.904	2.053
6.8	1.971	2.000	1.910	1.985	1.928	11.4	1.881	1.892	1.827	1.989	2.180
7	1.940	2.134	2.098	2.006	1.875	11.6	1.907	1.915	1.794	2.017	2.036
7.2	1.986	2.211	1.978	1.944	2.022	11.8	2.127	2.136	2.025	2.037	2.029
7.4	2.000	2.068	1.855	2.058	1.934	12	1.997	1.944	2.049	1.985	2.019
7.6	2.004	1.951	1.976	1.991	1.818	12.2	2.110	2.057	2.071	1.963	1.941
12.4	2.114	2.095	2.094	1.970	2.039	17.2	2.019	2.112	2.179	1.770	1.922
12.6	2.040	2.081	2.163	2.008	1.949	17.4	1.980	2.199	2.130	1.830	1.956
12.8	2.043	2.017	1.916	1.960	1.756	17.6	2.083	2.109	2.095	1.826	1.778
13	2.092	2.062	1.988	1.892	1.661	17.8	2.010	2.014	2.095	1.859	1.739

续表

频率/MHz	3基铁塔，档距500 m	5基铁塔，档距500 m	7基铁塔，档距500 m	5基铁塔，档距300 m	5基铁塔，档距700 m	频率/MHz	3基铁塔，档距500 m	5基铁塔，档距500 m	7基铁塔，档距500 m	5基铁塔，档距300 m	5基铁塔，档距700 m
13.2	2.035	1.926	2.050	1.929	1.871	18	2.037	1.856	1.792	1.832	1.937
13.4	2.072	1.981	2.110	1.804	1.942	18.2	2.021	2.099	2.009	2.040	1.887
13.6	2.010	2.064	2.143	1.789	1.892	18.4	1.996	2.165	2.089	2.140	1.803
13.8	1.998	2.012	1.884	1.655	2.040	18.6	1.932	1.969	1.805	2.046	1.993
14	2.005	1.898	1.992	1.733	2.090	18.8	2.083	1.990	1.994	2.049	2.146
14.2	1.940	1.891	1.858	1.713	2.026	19	1.921	1.892	1.955	2.170	1.977
14.4	1.915	1.788	1.782	1.705	1.923	19.2	1.768	1.687	1.624	2.200	1.982
14.6	1.792	1.830	1.922	1.744	2.079	19.4	1.881	1.659	1.804	2.208	2.241
14.8	1.759	2.013	1.978	1.892	1.849	19.6	1.815	1.787	1.746	2.057	1.977
15	1.884	1.822	1.734	1.830	1.723	19.8	1.742	1.873	1.837	2.075	1.789
15.2	1.836	1.699	1.601	1.874	1.866	20	1.741	1.836	1.851	1.920	1.928
15.4	1.647	1.672	1.773	1.812	1.808	20.2	1.819	1.711	1.805	2.046	1.705
15.6	1.844	1.830	1.757	1.979	1.754	20.4	1.805	1.753	1.645	2.083	1.778
15.8	1.783	1.885	1.893	1.963	1.842	20.6	1.904	1.863	1.754	1.972	1.865
16	1.954	1.989	2.039	1.984	1.899	20.8	1.892	1.957	1.900	1.903	1.940
16.2	1.976	1.957	1.886	1.763	1.954	21	1.932	2.088	1.943	1.928	1.960
16.4	1.871	1.910	1.818	1.928	2.008	21.2	1.992	2.105	2.006	2.019	1.998
16.6	2.070	1.882	1.929	1.846	2.088	21.4	2.025	1.968	2.034	1.911	2.059
16.8	1.927	1.934	1.957	1.886	2.147	21.6	2.022	1.913	1.817	2.164	2.104
17	1.950	2.123	2.103	1.744	1.939	21.8	2.124	2.036	1.880	2.131	2.054
22	2.154	2.147	2.145	2.068	1.997	26.6	2.009	1.883	2.038	1.700	1.998
22.2	2.032	2.144	2.033	2.118	1.949	26.8	1.995	2.015	1.901	1.676	1.841
22.4	2.005	2.159	2.168	2.142	1.843	27	1.997	1.968	2.026	1.686	2.056
22.6	2.078	2.065	1.974	2.021	1.872	27.2	1.991	1.948	2.050	1.662	1.979
22.8	2.040	1.976	1.924	2.132	1.889	27.4	2.016	2.015	2.047	1.584	1.884
23	1.945	2.045	1.985	2.143	1.854	27.6	1.983	2.067	2.057	1.552	1.749
23.2	1.961	1.961	2.084	1.950	1.775	27.8	2.057	1.923	1.972	1.590	1.905
23.4	1.959	2.011	1.977	1.952	1.973	28	1.978	1.943	1.849	1.651	1.824
23.6	1.879	1.954	1.955	1.966	2.011	28.2	1.839	1.873	1.901	1.733	1.868
23.8	1.817	1.906	1.948	1.916	1.915	28.4	1.781	1.957	1.864	1.703	1.929
24	1.798	1.760	1.753	1.802	2.034	28.6	1.917	1.978	1.934	1.995	1.940
24.2	1.793	1.793	1.745	1.846	2.162	28.8	1.974	1.876	1.873	1.881	1.870
24.4	1.816	1.801	1.866	1.945	1.944	29	1.686	1.776	1.810	1.903	2.036
24.6	1.986	1.788	1.755	1.846	1.887	29.2	1.884	1.725	1.745	1.881	1.905
24.8	1.795	1.755	1.880	1.883	1.926	29.4	1.819	1.737	1.748	1.917	1.978
25	1.736	1.785	1.797	1.936	1.840	29.6	1.826	1.792	1.926	1.787	1.856
25.2	1.762	1.746	1.879	1.885	1.911	29.8	1.805	1.880	1.992	1.861	1.818

续表

频率/MHz	3基铁塔,档距500 m	5基铁塔,档距500 m	7基铁塔,档距500 m	5基铁塔,档距300 m	5基铁塔,档距700 m	频率/MHz	3基铁塔,档距500 m	5基铁塔,档距500 m	7基铁塔,档距500 m	5基铁塔,档距300 m	5基铁塔,档距700 m
25.4	1.868	1.803	1.792	2.061	1.832	30	1.836	1.883	1.873	1.920	1.899
25.6	1.866	1.846	1.793	1.896	1.819						
25.8	2.010	1.932	1.895	1.929	1.880						
26	1.855	1.983	2.109	1.965	1.967						
26.2	1.946	2.027	2.015	1.858	1.917						
26.4	1.923	2.111	2.052	1.758	1.953